초등4학년,
아이의 사춘기에
대비하라

준비되지 않은 사춘기를 맞이하는 부모와 자녀를 위한 성장 수업

초등4학년, 아이의 사춘기에 대비하라

최영인 지음

카시오페아
Cassiopeia

사랑하는 가족에게 이 책을 바칩니다

초등 4학년, 부모 역할에 대해 다시 고민할 시기

아이들의 사춘기가 빨라지면서 초등학교 중고학년 학부모를 중심으로 사춘기에 관한 관심과 걱정이 급증하기 시작했다. 조기 사춘기를 겪는 아이들은 혼자 고민하고 말수가 줄어드는 등 심리적으로 힘든 상황에 빠지게 된다. 다행스럽게도 몇 년 전부터 중·고등학교에 이어 초등학교에도 전문 상담교사가 배치되기 시작했지만, 아직은 상담교사가 없는 학교가 더 많다. 중고생의 경우 행동의 변화를 가져오는 데 많은 시간과 노력이 필요하다. 하지만 초등학생은 중고생에 비해 문제행동의 심각성도 크지 않고 유연성이 있어서 조금만 도와줘도 변화의 가능성이 높다. 초등 4학년부터 아이의 사춘기에 부모가 대비해야 하는 이유다.

부모는 아이가 사춘기의 변화를 어른으로 성장하기 위한 자연스러운 과정으로 받아들일 수 있도록 해주어야 한다. 예상치 못한 행동에도 따뜻한 시선으로 지켜봐주며 함께 사춘기의 터널을 빠져나가야 한다. 그러기 위해서는 대화를 통한 소통이 중요하다. 그런데 평소 아이와 관계가 좋지 않은 부모라면 첫 출발부터 삐거덕거리게 된다.

부모가 바라보는 관점과 자녀가 바라보는 관점의 접점에서 상황을 바라볼 줄 아는 균형적인 시각을 갖추어야 십대와 소통이 가능하다. 이 시기에 부모와 어떤 관계를 맺느냐에 따라 아이의 삶은 크게 달라진다. 자녀와 안정적인 관계를 유지하는 것이 사회적인 성취나 성공보다 훨씬 더 가치 있는 일이다. 부모 역할에 대한 고민과 성찰은 그래서 더욱 중요하다.

학부모 대상 강연을 해보면 대부분 청중은 한창 사춘기를 겪고 있는 중고생 자녀를 둔 부모이다. 간혹 아이가 어린데도 미리 사춘기에 대비하기 위해 강연을 들으러 왔다는 분들을 보면 반갑고 기쁜 마음이 앞선다. 이런 분들은 자녀의 사춘기를 앞두고 필수적인 예방접종을 한 것과 다름없다.

연구결과에 따르면 십대 자녀를 둔 부모의 역할은 유아기 때만큼 혹은 그 이상으로 매우 중요하다. 이 시기에 아이는 부모의 관심과 지지를 받고 자라야 두뇌와 인성, 사회성이 균형 있게 발달할 수 있다. 또 다른 연구 결과에서도 십대가 또래 친구보다 오히려 부모의 영향을 더 많이 받는 것으로 나타났다. 많은 심리학자가 자녀의 성장에서 부모의 역할이 중요하다는 것을 입증했고, 상담현장에서 수많은 아이와 부모를 만나면서 이 사실에 동의할 수밖에 없었다.

사춘기 아이를 키우는 일은 만만치 않은 일이다. '왜 내 아이만 이렇게 힘든 걸까?' 부모들은 저마다의 이유로 고민에 빠진다. 다른 별에서 온 듯한 아이와 별 탈 없이 잘 지낼 수는 없는 것일까? 사춘기 아이는 부모에게서 독립하기 위해 서투른 날갯짓을 시작한다. 자신만의 방식으로 홀로서기를 준비하는 신호이니 걱정스러운 마음 대신 오히려 기뻐해야 할 일이다. 부모는 이제까지와는 다른 방식으로 자녀와 만날 방법을 생각해야 한다. 부모의 가치관을 아이에게 일방적으로 강요하기보다 자녀의 말을 경청하는 것을 최우선 과제로 삼아야 한다. 경청해야 공감할 수 있고, 공감해야 소통이 가능하다. 소통이 원활하게 이루어진 다음이라야 교육이 가능하다. 인내심을 가지고 자녀의 변화와 성장을 지지해주고 다양한 기회를 허용해야 아이들은 부모를 떠나 독립적으로 자신의 삶을 가꾸어나갈 수 있다.

사춘기 문제에 대해서 '사춘기를 너만 겪는 일이니?', '엄마도 이미 사춘기를 겪어봐서 다 알아'라는 식으로 쉽게 생각하는 사람이 있는 반면, '사춘기 아이들은 외계인이라더라' 또는 '사춘기 때 바로잡지 못하면 인생 망친다더라'라는 생각으로 너무 어렵게 바라보고 지레 겁을 먹는 사람도 있다. 하지만 두 경우 모두 바람직한 태도가 아니다. 사춘기는 누구나 겪는 자연스러운 발달과정이므로 지나치게 겁먹을 필요는 없지만, 그렇다고 가볍게 무시해서도 안 된다. 새로운 출발은 누구에게나 낯설고 두렵다. 그래서 편한 사람에게 투정하면서 안전지대를 확인하려고 한다. 이때 부모가 그 안전지대가 되어주어야 한다.

일일이 간섭하고 잔소리하면서 아이를 단속하려 하기보다는 "잘하고 있으니까 걱정하지 마. 네 뒤에는 엄마 아빠가 있으니까"라는 말로 아이에게 용기를 북돋워주자. 예쁜 꽃을 피우려면 영양소가 풍부한 흙과 따뜻한 햇볕, 충분한 물 등 여러 가지 조건이 맞아야 한다. 환경이 받쳐주지 않으면 꽃은 제대로 필 수 없다. 아이들도 마찬가지나. 내 아이가 아름답게 꽃필 수 있는 환경이 뒷받침되어야 한다. 아이에게 이러한 환경은 바로 부모다.

사춘기의 여러 가지 정서적, 신체적 변화는 모든 아이에게 동일하게 기계적으로 이루어지는 것이 아니다. 제각각 그들을 둘러싼 환경과 상호작용을 하면서 역동적으로 일어난다. 조화로운 환경에서는 아이가 그 자질을 활짝 꽃피울 수 있지만, 그렇지 못할 경우 성인이 되어서도 방황할 수 있다. 부모가 좋은 환경이 되어주면 사춘기 아이들은 두려움과 불안을 잘 극복해서 아름다운 향기를 품은 꽃으로 피어날 것이다.

2017년 2월
최 영 인

차 례

chapter 1

초등 4학년,
내 아이가 달라지기
시작했다

빨라진 사춘기가
두려운 엄마들에게

한때 사춘기를 대변하는 '중2병'이란 말이 유행처럼 퍼졌고, 중2 아이들이 무서워서 북한이 쳐들어오지 못한다는 우스갯소리가 돌았다. 그런데 이제 그것도 옛말이 될 듯하다. 최근 초등학교 4, 5학년이면 이미 사춘기가 시작되는 경우가 흔해졌기 때문이다.

요즘은 초등 저학년 학부모 셋만 모여도 아이의 사춘기가 화제로 오른다. 뭐든 처음은 힘들다. 첫 아이를 낳아 키울 때 젖을 먹이고, 이유식을 공부하고, 기저귀를 떼는 등 어느 과정 하나 쉬운 게 없었다. 초등학교에 입학하면서부터는 아이가 학교에 잘 적응할 수 있을지 아이보다 엄마가 더 긴장하기도 한다. 그런데 아이가 혼자서 등하교를 하고 학교생활에도 제법 익숙해지면서 엄마도 이제 좀 편해질 만하니 곧 사춘기가 온단다. 그러니 빨라진 사춘기 때문에 엄마들이 힘들다고 야단스럽게 구는 것도 이해가 된다.

뉴스에서 쏟아지는 사춘기 아이들의 일탈을 보고 있노라면 '설마 내 아이는 안 그렇겠지' 하면서도 불안한 마음이 드는 건 어쩔 수 없다. 사춘기가 되면 순하던 아이도 "내가 뭘 잘못했어요?", "내가 알아서 할게", "싫어요"라는 말을 서슴없이 한다. 집에 오면 재잘재잘 말을 쏟아내던 아이가 갑자기 말문을 닫고 스마트폰만 들여다보고 있다. 무슨 말이라도 하려고 하면 방문을 쾅! 닫고 들어간다. 이쯤 되면 엄마들은 아이의 사춘기가 시작됐다는 생각에 걱정부터 앞선다. 달라진 아이의 행동에 어떻게 대응해야 할지 몰라 화가 폭발하기도 하고, 제대로 가르치려다 잔소리꾼이 되기도 한다. 부모와 자식 사이가 삐거덕거리기 시작한다.

사춘기의 대표적인 증상 하면 아마도 '반항'을 떠올릴 것이다. 부모들은 '사춘기'를 '반항의 시기'라고 인식하거나 무슨 큰 병이라도 걸린 듯 아이를 고치려 든다. 그러나 사춘기는 아이가 어른이 되어가는 아주 자연스러운 과정이다. 세계가 확장되고, 자신의 정체성을 찾아가는 과정이다. 그래서 자기 주장이 생기고 생각도 복잡하다. 그런데 이때 아이가 부모의 말에 거부 의사를 표현한다고 해서 "왜 말을 안 들어!" 하고 화를 내선 곤란하다. 아이들이 이런 행동을 하는 데는 다 이유가 있기 때문이다.

사춘기의 뇌는 대대적인 리모델링 작업을 시작한다. 특히 뇌의 총사령부에 해당하는 고등 정신작용을 담당하는 전두엽에서 큰 변화가 일어나는데, 아직 전두엽의 발달이 미성숙하다 보니 아이들은 비이성적이고 충동적으로 행동하게 된다. 게다가 감정을 안정적으로 조절하는 신경전달물질인 '세로토닌'이 성인에 비해 40% 덜 분비되고, 2차 성징이 나타나면서 호르몬이 급격하게 증가하는 것도 아이들의 정서와 감정이 불안정한 원인이 된다.

사춘기 아이들은 이런 육체적인 변화를 겪는 동시에 학업과 성적 등에 대한 기대에 부응해야 하는 스트레스를 안고 있다. 그 때문에 아이들은 쉽게 우울해하거나 신경질적인 반응을 보이게 된다.

아이가 사춘기가 되었다고 해서 너무 겁을 먹거나 걱정할 필요는 없다. 극단적인 경우를 제외하고 대부분 갈등은 부모가 사춘기를 잘 이해하지 못하지 못하는 데서 출발한다. 사춘기 증상은 개인차와 정도차가 있지만 심리적, 육체적 변화는 같다. 사춘기의 대표적인 특징들을 들여다봄으로써 미리 대비할 수 있다.

꼭 알아야 할 사춘기 아이들의 발달적 특징

과거에 비하면 아이들의 키, 체중 등 육체적인 발달이 눈에 띄게 빨라졌다. 사춘기가 빨라진 것은 이런 육체 변화와도 관련이 깊다. 또 다양한 매체에 노출되고, 교육 환경이 달라진 것 등 여러 가지 요인이 작용했다고 볼 수 있다. 이 시기의 발달적 특징을 통해 내 아이의 사춘기를 이해해보자.

첫째, 뇌가 중요한 발달기를 통과하고 있다. 인간의 뇌는 발달이 덜된 상태로 태어나서 점진적으로 완성되어간다. 특히 사춘기쯤에 뇌는 제2의 탄생기를 맞이하게 된다. 더 많은 가지와 뿌리를 뻗는 작업이 최고조에 달하게 되고 이후에는 불필요한 부분을 제거해서 정수만을 남기게 되는데, 그 토대가 되는 것이 초등학교 시기의 경험이다. 학령기 동안 별 쓸모없다고 생각되는 신경회로나 신경세포는 전두엽이 새로 태어나는 청소년기에 다 솎아져 나가기 때문이다. 2004년 학술지 〈Nature〉에 의하면 정신운동훈련을 반복한 사람은 훈련 전후에 해당 부위의 뇌 회백질 양이 증가했다고 한다. 이런 변화는 지능이 높아지는 결과를 낳는다. 사춘기 때의 경험과 행동습관이 뇌 성숙에 큰 영향을 미친다는 의미다. 초등학교 시기에 다양한 자극을 경험하고 성공적으로 과제를 수행함으로써 성취감을 맛보게 되면 아이의 뇌에는 근본적인 변화가 일어난다.

둘째, 사춘기 아이들의 세상은 '나'를 중심으로 돌아간다. 내 생각과 감정, 관심사가 가장 중요하고 다른 사람들도 당연히 나처럼 생각한다고 믿는다. 발달 심리학자 엘킨드(David Elkind)는 사춘기 아이들의 이런 심리를 '청소년기 자아중심성'이라고 불렀다. 청소년기의 자아중심성은 '개인적 우화'와 '상상 속의 청중'이라는 개념으로 설명할 수 있다. 나는 특별한 존재이며 내 감정과 생각은 다른 사람과는 근본적으로 다르다고 믿는 것은 '개인적 우화'이다. 사춘기 아이들은 자신을 어떤 위험에도 죽지 않고 다치지 않을 것 같은 불멸의 존재로 착각하여 무모한 행동을 하기도 한다. 모든 사람의 관심과 주의가 자신에게 집중되어 있다고 믿는 것이 '상상 속의 청중'이다. 그래서 사춘기가 되면 외모에 지나치게 신경 쓰고 사소한 실수에도 엄청난 스트레스를 받는다.

이런 자아중심성은 나이가 들면서 자신이 무대의 주인공이 아니라는 사실을 인식하고 타인의 입장에서 생각하는 능력이 생기면서 점차 사라진다. 만약 자아중심성을 극복하지 못한 채 성인이 되면 약물남용이나 범법행위 등의 범죄를 저지르기도 하고 대인관계에서도 끊임없이 문제를 일으키는 등 미숙한 모습을 보인다.

셋째, 수직적 대화를 거부한다. 사춘기 자녀를 둔 엄마들이 가장 속 터져 하는 말이 "내가 알아서 할게"이다. "이제 방 좀 치워라"는 말에도, "스마트폰 그만하고 이제 숙제해야지"라는 말에도 아이들은 "내가 알아서 할게"만 남발한다. 하지만 알아서 한 적은 한 번도 없다. "알아서 한다고 해놓고 약속 지킨 적 있어? 지금 당장 하지 못해!" 화가 치밀어 목소리가 높아지기 시작하면 집안은 한바탕 전쟁터가 되고 만다. 알아서 한다는 말은 언젠가 하겠다는 뜻이 아니라 더 이상 엄마의 간섭을 허용하고 싶지 않다는, 독립을 선언하는 의미로 이해해야 한다. 따라서 주도권과 결정권을 아이에게 돌려주어야 할 때가 되었음으로 받아들여야 한다.

사춘기는 자신과 타인, 자신과 세상에 대한 경계를 명확히 하고 정체감을 찾아가는 과정이므로 아이가 부모로부터 한 발짝 떨어져서 자신만의 세계를 가지는 것은 당연하다. 이때는 수직적 관계가 아닌 수평적 관계에서 대화를 시도하는 것이 바람직하다. 자녀의 말을 들어주고 감정에 공감해준 다음 하고 싶은 말을 해도 늦지 않다. 부모도 세상의 모든 교훈을 부모에게서 배운 것이 아니고, 잔소리와 비난을 통해 배운 것은 더더욱 아니다. 잔소리 대신 부모의 삶 속에서 자연스럽게 배웠을 가능성이 더 크다. 나중에 후회할 게 불 보듯 뻔한 선택일지라도 아이가 결정하게 하고 그 결과를 책임지도록 해야 한다.

넷째, 반항하고 대들기 시작한다. 사춘기의 반항은 어느 정도는 정상적인 반응이라고 볼 수 있다. 자기만의 논리가 생겨서 부모와 생각이 다르면 쉽게 받아들이지 않는다. 그러나 이런 정상적인 발달과정인 가벼운 반항조차 받아들이지 못하고 아이에게 체벌을 가하는 등 과잉대응하면 자녀와 갈등을 빚게 된다. 반대로 고함, 폭력 등 반항의 표현 방식이 심각한 수준인데도 이를 방치하면 때를 놓쳐 수습이 어려워지기도 한다. 대부분의 사춘기 아이들은 자기 생각이 강해지더라도 부모와 좋은 관계를 유지하면서 지낸다. 소수의 아이만이 심각한 문제행동을 하거나 부모와 관계가 악화된다.

다섯째, 학업 스트레스가 많아진다. 사춘기 아이들의 가장 큰 고민 중 하나는 학업과 성적일 것이다. 요즘은 초등 4학년만 되어도 국영수 위주로 학원에 다닌다. 그저 건강하기만을 바라던 부모도 아이가 성적표를 받아오기 시작하면 장래에 대한 걱정 때문에 다그치기 시작한다. 자녀의 성적과 성공에 대한 집착이 클수록 부모와 자녀 관계에 적신호가 켜질 수 있다. 자녀의 실패보다 더 큰 불행이 부모의 삶을 옭아맬 수 있음을 잊어서는 안 된다. 부모가 큰 성공을 거두지 못했다고 해서 그 삶이 무의미한 것이 아니듯이, 아이들 인생 역시 그 자체로 가치 있음을 인정해주어야 한다.

인생에서 부모 역할은 누구나 처음 맡아보는 배역이다. 배운 적도 없고 가르쳐주는 사람도 없다. 유아기에는 나름 잘해왔다고 자부했던 사람마저도 아이가 사춘기에 접어들면 그동안 쌓아온 부모로서의 자존감이 무너지기도 한다. 이런 문제가 생기는 것은 부모의 역할을 잘못 이해하고 있기 때문이다. 부모는 아이가 성장함에 따라 자연스럽게 역할을 바꿔가야 한다. 격랑의 사춘기를 겪는 아이들과 함께 부딪히고 상처받으면서 시행착오를 겪을 각오도 필요하다. 그래서 아이의 사춘기는 부모 자녀 사이에 사랑과 이해를 바탕으로 한 새로운 만남이 시작되는 시기이다. 이 과정을 잘 겪고 나면, 아이가 성장하듯이 부모도 한뼘 성장하게 된다.

사춘기에 엇나가는 아이,
사춘기에 성장하는 아이

"아이가 4학년이 되더니 자기도 이제 십대라면서 '사춘기니까 건드리지 마세요'라는 거예요. 그러더니 꼬박꼬박 말대꾸하지 않나, 갑자기 버럭 짜증을 내지를 않나…… 사춘기가 빨라졌다는데, 우리 아이가 정말 사춘기가 시작된 걸까요?" 초등학교 4학년 자녀를 둔 부모의 하소연이다.

흡연 문제로 상담을 해보면 언제 처음 담배를 피우기 시작했느냐는 질문에 놀랍게도 많은 아이가 초등학생 때라고 대답한다. 아직은 초등학생이라고 안심하고 있는 사이에 아이들은 부모가 모르는 비밀을 하나둘 만들어간다. 초등학교 고학년이 되면 아이들의 몸과 마음에는 큰 변화의 바람이 불기 시작하지만, 이때 부모의 관심은 성적으로 옮아가니 엇박자가 발생하는 것이다.

사춘기는 누구나 겪는 자연스러운 발달과정이지만, 사춘기에 접어든 아이들은 저마다의 이유로 성장통을 겪는다. 이때 아이가 보내는 마음의 신호를 부모가 제때 읽지 못하면 문제의 싹을 크게 키울 수 있다. 대부분 아이는 말로 자신의 고통을 호소하지만, 어떤 아이들은 말 대신 다른 방식으로 신호를 보내기도 한다. 평소에 하지 않던 행동을 한다든가, 신체 여기저기가 아프다고 호소한다든가 하면 아이가 마음이 아프다고 보내는 신호일 가능성이 높다. 따라서 부모는 아이의 변화를 세심하게 관찰하고 힘든 점이 무엇인지 물어보아야 한다.

유아기 때부터 친구들과 자주 싸우고, 욕구가 바로 해결되지 않으면 참지 못하는 아이들이 있다. 물론 유전적인 성향일 수도 있지만, 부모가 원하는 것을 뭐든 바로바로 해줘서 아이가 참고 기다리는 법을 배우지 못해서일 수 있다. 이 경우 부모의 양육방식에 대한 점검이 필요하다. 폭력적인 아이는 주변의 누군가를 보고 배웠을 가능성이 높다. 욱하는 마음에 손부터 올라가는 부모라면 자신의 감정부터 먼저 다스려야 한다. 아이가 반항하고 대드는 정도가 지나치다면 다른 문제가 있음을 의미할 수 있으므로 그 원인을 반드시 파악해야 한다.

빨라진 시기 때문에 학부모들이 일찍부터 사춘기에 관심을 가지는 추세이긴 하지만, 아직 '어떻게 사춘기에 대비할 것인가'에 대해서는 정보가 부족한 것 같다. 아이가 중고생이 되어서야 전문기관을 찾아 고민을 토로하는 부모들이 많은데, 이때쯤이면 이미 심각하게 선을 넘은 아이들의 경우 정상적인 발달로 되돌리기가 쉽지 않다. 호미로 막을 일을 가래로 막는 셈이다.

사춘기는 홀로서기를 준비하는 과정이다

청소년기는 신체적, 심리적, 정서적으로 큰 변화를 겪는 시기이다. 가치관과 사고방식, 행동규범 등에 대해 자신만의 생각을 가지게 되면서 정체감이 형성된다. 어렸을 때는 부모 말을 잘 따르던 아이도 이 시기가 되면 부모에게 자기 생각을 관철하려고 한다. 그러면 부모는 아이의 이런 행동을 반항으로 받아들이고 더 강압적으로 제압하려 한다. 부모가 강하게 통제하면 일시적으로는 효과가 있다. 하지만 아이가 부모의 지시에 반할 때마다 통제 수위를 높여야 하는 문제가 발생한다.

이런 부모 밑에서 자란 아이는 사춘기가 되면 두 가지 반응 양상을 보인다. 부모에 대한 분노를 일탈행위를 통해 해소하거나 부모의 권위에 눌려 부모가 시키는 대로 하다 보니 무기력해진다. 두 경우 모두 문제가 있다. 사춘기가 중요한 이유는 성인이 되기 위한 준비를 하는 시기이기 때문이다. 성인이 된다는 것은 혼자 결정하고 판단하고 책임진다는 의미이다. 원하는 인생을 살기 위해서는 해야 할 것을 스스로 챙기고 실행하는 능력이 반드시 필요한데, 이 능력은 저절로 생기는 것이 아니다. 어릴 때부터 교육과 경험을 통해 습득해야 한다.

사춘기의 기본 정서는 '두려움'이다. 아이들은 홀로서기를 하기 위해 본능적으로 서서히 부모에게서 독립을 준비하는데, 이때 부모의 말을 따르게 되면 부모에게 속한 세계로 돌아갈지 모른다는 두려움을 느끼게 된다. 이런 사춘기를 엄청난 갈등과 혼란을 겪었을 일제치하의 독립운동에 빗대어 얘기하기도 한다. 그만큼 사춘기는 아이들에게 힘든 과정이라는 의미다. 그런데 부모가 달라진 아이 모습을 받아들이지 못하고 어릴 때와 똑같은 양육방식을 고집한다면 갈등이 생기는 것은 당연하다.

부모는 독립의 조력자가 되어야 한다

이 시기에 부모는 아이의 독립을 기정사실로 받아들이고 잘 독립할 수 있도록 도와주는 조력자가 되어야 한다. 만약 부모가 아이보다 더 큰 두려움을 안고 있다면 조력자가 되지 못할 것이다. 사춘기에 대한 정확한 이해와 준비만 있다면 어떤 부모라도 그 역할을 훌륭하게 해낼 수 있다. 부모도 교육과 훈련이 필요하다. 미래에 대한 불안과 걱정을 내려놓고 이제부터라도 어떻게 하면 아이와 잘 지낼지, 문제가 있다면 어떻게 풀어갈지 고민해보자. 격정의 사춘기를 보내는 아이가 있는가 하면, 특별한 문제없이 건강하게 넘어가는 아이도 있다. 이 차이는 바로 부모와의 관계에 있다. "아이가 사춘기인가 봐요?"라는 남의 말을 듣고 내 아이의 사춘기를 깨닫게 되면 너무 늦다. 준비는 빠르면 빠를수록 좋다.

언젠가는 부모 품을 떠나 독립된 인격체로서 삶에 책임질 줄 아는 사람으로 키우는 것이 사춘기 자녀를 둔 부모의 몫이다. 아직은 부족하고 서툰 것이 눈에 띄더라도 잔소리 대신 조언으로, 강요보다는 동기를 부여하면서 아이의 자율권을 점차 확대해나가야 한다.

이 시기에는 혼자서 무언가를 계획하고 성취하는 경험이 무엇보다 중요하다. 이 기회를 차단당하면 아이들의 홀로서기는 난관에 부딪힐 수밖에 없다. 사춘기 아이를 둔 부모는 '양육자'에서 '멘토'로 그 역할을 전환해야 한다.

사춘기 아이가
문제행동을 하는 이유

부모의 눈에는 사춘기 아이들의 행동 하나하나가 문제로 보인다. 그러나 문제의 주 근원지가 가정이고 부모라는 사실은 자주 망각한다. 부모는 아이들에게 가장 강력한 영향을 미치는 사람이다. 부모의 가치관과 인생관은 고스란히 아이들에게 대물림되기 때문이다. 내 아이가 문제가 아니라 부모인 내가 문제라는 사실을 인식하는 데서 내 아이의 사춘기를 준비하는 출발점으로 삼아야 한다.

"공부도 못 하는 게 성질도 저 모양이니?"

"너는 도대체 하나도 제대로 하는 게 없어."

"자식이 아니라 웬수야."

"널 낳고 내가 미역국을 먹었으니!"

어렸을 때 부모에게 듣고 상처받았던 말을 내 아이에게 똑같이 하고 있는 자신을 발견하곤 깜짝 놀란 적이 있을 것이다. 때론 아이를 무시하고 상처 주는 말을 서슴지 않게 하기도 한다. 많은 부모가 사회의 대변자를 자처하면서 "네가 지금 공부를 열심히 하지 않으면 반드시 후회하게 된다"고 아이를 협박하고 다그친다. 아이를 불안하게 만드는 이 말과 행동 속에는 부모의 불안이 숨어 있다.

만만치 않은 세상에서 부모까지 나서서 아이를 공격할 필요는 없다. 어차피 자신의 삶의 무게는 스스로 지고 가야 한다. 비난과 비판은 아이를 변화시키지 않는다. 오히려 귀와 마음을 닫게 할 뿐이다.

부모는 아이의 거울이다

아이는 부모의 가치관을 그대로 내면화한다. 부모가 중요하다고 생각하는 것을 아이도 중요하다고 생각하며 받아들인다. 평소 좋은 성적표를 받아오면 필요 이상으로 기뻐하고 성적이 낮으면 심하게 닦달하고 비난했다면, 아이 머릿속에는 세상에서 가장 중요한 것은 성적이라는 생각이 자리 잡게 된다.

중학교 2학년인 민영이는 중간고사 시험에서 부정행위를 저지르다가 적발되었다. 상담결과 부모의 지나친 기대가 민영이의 부정행위를 부추겼음을 알 수 있었다. 어떤 아이들은 부모를 기쁘게 하려고 공부한다고 말한다. 그래서 부정행위를 저지르고 성적을 조작해서라도 좋은 점수를 받기 원한다. 성적은 좋으나 인성이 좋지 않은 아이들이 점점 늘어나는 세태와 무관하지 않다. 성적만으로 아이를 평가하는 부모, 공부만 잘하면 문제가 있어도 괜찮다고 생각하는 부모의 그릇된 가치관이 아이들의 가치관과 사고를 왜곡시킨 경우이다.

"밖에서는 말도 잘하는 애가 집에만 오면 왜 꿀 먹은 벙어리가 되는지 모르겠어요."

사춘기 자녀를 둔 많은 부모가 이런 얘기를 한다. 집에만 오면 방문을 걸어 잠그고 들어가서는 필요한 말 외에는 하지 않는다는 것이다. 그러면서 "사춘기라서 그런 거겠죠. 시간이 지나면 나아지겠죠"라며 별일 아닌 것처럼 넘어가려 한다. 그러나 아이들이 입을 닫았다는 건 마음을 닫았다는 의미다. 아이들이 부모와 대화를 거부하는 것은 말해봤자 꾸중밖에 들을 말이 없거나 부모가 자신의 마음을 몰라준다고 느끼기 때문이다.

초등학교 6학년인 승미는 언제부터인가 엄마 아빠와의 대화가 불편해져서 자꾸 피하게 됐다. 처음은 일상적인 주제로 얘기가 시작되지만, 대화의 마무리는 늘 공부 얘기, 성적 얘기, 생활에 대한 잔소리 등으로 끝나기 때문이다. 어느 순간부터 부모가 마음을 나누는 편안한 대상이 아닌 감시자, 통제자로 느껴져서 점점 부담스럽게 느껴지기 시작했다.

우리는 누군가에게 얘기할 때 내 마음을 알아주고 공감해주기를 기대한다. 아이들도 마찬가지다. 자기 생각이 옳은 것인지, 자신의 감정 상태가 괜찮은 것인지 부모를 통해서 확인받고자 한다. 그런 아이에게 공부는 안 하고 쓸데없는 생각만 한다고 면박을 준다면 아이는 더 이상 부모와 얘기하려 하지 않는다. 집에서 말이 없는 것은 해봤자 돌아올

말이 뻔하다고 생각하기 때문이지 진짜로 할 말이 없어서가 아니다.

아이가 이야기보따리를 풀어놓기 시작하면 부모는 온전히 아이 말에 귀를 기울여야 한다. 부모가 편견 없이 들어주면 아이는 힘든 일이 생겼을 때도 부모에게 먼저 털어놓고 위로받으려 할 것이다. 부모와 대화의 통로가 열려 있는 아이들은 위기 상황에서 언제나 부모가 도와줄 거라고 확신하기 때문에 문제해결도 쉽게 할 수 있다.

아이는 보고 들은 대로 말한다

초등학교 5학년인 민혁이는 학교에서 유독 행동이 거칠고 욕을 많이 했다. 그런데 민혁이는 늘 험한 말을 하고 욕을 일상어처럼 사용하는 부모를 두고 있었다. 평소 부모가 입에서 나오는 대로 욕을 내뱉는 가정에서 자란 아이와 부모가 바르고 현명하게 말하는 모습을 보여준 가정에서 자란 아이는 욕에 대한 민감성이 다를 수밖에 없다.

부정적인 단어나 욕은 불안과 공격성을 담당하는 뇌의 변연계를 자극해서 감정적으로 흥분상태에 빠지게 한다. 흥분상태에서는 행동과 말이 거칠어지고 이성적인 사고를 하기 힘들어진다. 욕을 자주 사용하는 사람은 그만큼 감정적으로 흥분하고 비이성적인 상태가 잦다는 뜻이므로 성격이 거칠고 정서적으로도 불안정할 가능성이 높다. 아이들은 보고 들은 대로 말한다. 내 아이가 바른 말, 고운 말을 사용하는 좋은 언어습관을 가지길 바란다면 부모가 먼저 자신의 언어습관을 점검하고 모범을 보여야 한다.

전문 상담교사로 학교현장에 있다 보니, 이제 아이만 봐도 부모가 보인다. 또 부모를 보면 그 집 아이가 어떤지를 짐작할 수 있다. 아이들은 부모의 말과 행동, 사고방식을 은연중에 그대로 닮기 때문이다. 내 아이의 문제를 탓하기 전에 부모인 나를 먼저 돌아볼 수 있을 때 자녀의 문제를 객관적으로 바라볼 수 있다.

사춘기를 맞이하는 아이를 대하는 6가지 원칙

아이가 사춘기에 접어들면 부모들은 대개 매우 당혹스러워한다. 평소와 똑같이 말하고 행동했을 뿐인데도 아이의 반응이 다르기 때문이다. 그러나 사춘기가 되었다고 해서 아이가 크게 변하는 것은 아니니 너무 염려하지 않아도 된다. 다만 이제까지의 양육방식과는 다른 차원에서의 접근이 필요하다. 사춘기는 부모 자녀 관계의 재정립이 필요한 시기이다. 아직도 자녀를 아기처럼 다룬다든지, 혹은 권위를 앞세워 통제하려 하면 아이는 오히려 반발심을 가질 수 있다. 이 시기에 관계가 어긋나기 시작하면 되돌리기 무척이나 힘들어진다. 사춘기 아이를 대하는 기본적인 원칙에 대해 생각해보고, 조금은 다른 방식으로 아이를 바라보는 여유를 가져보자.

원칙① 대화가 달라져야 한다

사춘기 자녀와 대화할 때 부모가 저지르기 쉬운 실수 중 하나는 듣기보다는 부모의 생각을 일방적으로 전달하는 것이다. 아무리 옳은 말, 바른말이라도 전달방식이 잘못되면 아이들은 거부 반응을 보인다. 대화란 쌍방향 커뮤니케이션이다. 따라서 지시와 일방적인 전달은 대화라고 할 수 없다. 특히 사춘기 아이들과 대화할 때 가장 경계해야 할 것은 꾸중과 간섭이다. 아이들이 부모와의 대화를 피하는 가장 큰 이유 중 하나는 '관심'을 '간섭'으로 느끼기 때문이다. 아이들이 좋아하는 애니메이션이나 게임, 캐릭터, 대중가요 등에 관심을 가지고 아이 눈높이에서 대화할 마음의 준비를 갖춘다면 닫혔던 아이 마음도 활짝 열 수 있다. 또한, 백마디 말보다도 아이의 말을 들어주는 게 중요한 시기다.

십대 아이들의 뇌는 발달과정 중에 있다. 그래서 아이들은 다른 사람의 표정을 읽을 때 전두엽 대신 편도체를 사용한다. 감정표현을 해석하는 능력은 전두엽이 완성되어야 가능하다. 아이들이 부모의 표정을 오해해서 "왜 화를 내세요?"라고 하거나 지나가는 사람이 쳐다만 봐도 째려봤다면서 화를 내는 것은 이 때문이다.

부모가 볼 때 아이들은 작고 하찮은 일로 걱정하는 것처럼 보인다. 그래서 곧 괜찮아질 거라는 식으로 문제를 축소하거나 무조건 긍정적으로 얘기해서 아이를 안심시키려고 한다. 하지만 이런 태도는 아이들에게 별로 도움이 되지 않는다. 부모는 아이의 감정을 비추는 거울이 되어주어야 한다. "정말 기분이 나빴겠구나"와 같이 감정을 인정해주는 것이 우선이어야 한다. 아이들이 원하는 것은 답을 얻으려는 것이 아니라 내 마음이 이렇다는 것을 알아 달라는 것이다. "많이 힘들었겠구나", "그래서 화가 났구나"와 같이 공감하는 대화를 통해 아이가 감정을 편안하게 표현할 수 있도록 도와주어야 한다. 아이 말에 귀 기울이고 거울처럼 아이의 감정 상태를 짚어주는 것이다. 부모와의 대화로 감정이 정리되면 문제에 대한 해답은 스스로 찾아갈 수 있다.

원칙② 올바른 이성교제가 이뤄지도록 한다

"얘가 남자친구를 사귀더니 공부와는 아예 담을 쌓고 온종일 카톡만 해요." 한 엄마가 딸의 이성교제 문제로 상담을 요청했다. 한눈에도 엄마와 딸의 사이는 매우 좋지 않아 보였다. "엄마는 제가 하는 일은 무조건 반대해요. 요즘 남자친구 없는 애가 어디 있어요!" 이성에 관한 사춘기 아이들의 관심은 지극히 자연스러운 것이다. 그런데 부모는 아이가 이성친구를 사귀면 마치 큰일이라도 나는 듯 간섭하기 시작한다.

"엄마, 도대체 왜 그래요? 내 스마트폰은 왜 뒤졌어요? 사생활 침해예요. 친구들이 왜 엄마한테 여자친구 사귄다는 말을 하지 말라고 한 건지 이제 알겠어요."

"우린 그냥 친구야. 걔가 어떤 애인지 그만 물어봐. 집안은 어떻고 성적은 어떻고가 왜 중요한지 모르겠어!"

불안한 마음에 꼬치꼬치 묻고 간섭하다 보니 아이들은 점점 비밀을 만들고 부모와 거리를 두게 된다. 이 시기의 이성교제는 서로 다른 성에 대해 이해하고 차이를 받아들이는 경험을 하는 의미 있는 시간이다. 남녀는 신체적 차이만큼이나 사회적 역할과 심리적인 특성에도 차이가 있으므로 이런 경험은 아이가 자라서 건강한 사회인이 되는 데 필수적이다.

이성교제를 통해 아이들은 정서적, 사회적으로 성숙해진다. 다만 바람직한 이성교제가 되기 위해서는 서로 존중하는 마음이 기본이 되어야 함을 부모가 일러줄 필요는 있다. 또, 단둘이 밀폐된 공간에 있게 될 경우 문을 열어 놓게 한다든가, 너무 늦은 시간에 만나는 것은 자제하도록 하는 규칙을 만들어두면 좋다. 이성에 대한 관심을 차단하기보다는 건전한 이성교제를 할 수 있도록 지도해야 한다.

건전한 이성관을 심어주는 가장 효과적인 교육은 부부가 서로 존중하고 사랑하는 모습을 통해서 아이에게 사랑이 무엇인지 보여주는 것이다. 이런 부모 밑에서 자란 아이는 자신을 존중하지 않는 사람과 사랑에 빠지거나 배우자를 잘못 만나 평생 후회하는 선택은 하지 않을 것이다.

원칙③ 성적으로 아이를 평가하지 않는다

중학교 1학년인 영수는 친구 면전에서도 쉽게 상처 주는 말을 했다. 그 때문에 친구와 크게 몸싸움이 붙었다. 평소 영수는 전교 1, 2등을 다툴 정도로 성적이 우수했다. 하지만 인성에 문제가 있었다. 아이들도 영수를 좋아하지 않았고 교사들도 영수가 공부만 잘하지 속칭 '싸가지

없는 아이'라고 걱정하고 있었다.

학부모 상담을 해보니 영수 부모님은 영수가 공부를 잘하니까 다른 것은 걱정할 것 없다는 태도를 보였다. 공부를 잘하는 영수에게 모든 면에서 면죄부가 주어진 것이 문제였다. 상대에 대한 배려심도 부족하고 공감능력도 떨어지는 영수는 좋은 대학에 갈 수 있을지는 몰라도 인성이 바른 성인으로 성장하기는 어려워 보였다.

'성적이 좋은 아이는 착한 아이다'라는 편견은 위험한 생각이다. 내 아이가 진짜로 성공한 인생을 살기 바란다면 공부하라는 잔소리 대신 인성이 바르게 자랄 수 있도록 지도해야 한다. 공부만 잘하고 마음은 얼음짱 같은 사람이 아닌, 공감과 배려가 몸에 밴 마음이 따뜻한 사람으로 자랄 수 있도록 격려해야 한다.

원칙④ 내 자녀를 객관적으로 파악한다

초등학교 5학년인 미연이는 또래와 자주 다툼을 벌였다. 미연이와 크게 싸운 후 마음의 상처를 입은 정현이가 등교를 거부하면서 미연이의 그간의 교내활동이 문제로 불거졌다. 이 때문에 미연이 엄마가 상담실을 찾았다.

상담 과정에서 미연이 엄마는 "우리 미연이는 다른 애들보다 정신연령이 높은 것 같아요. 아이들 사이에 있었던 일을 잘 이해하지 못하겠다고 하더라고요. 아마도 또래에 비해 어른스럽고 성숙해서 아이들의 행동이 좀 유치해 보였나 봐요."라고 했다. 하지만 미연이는 엄마의 말과는 다르게 공감능력이 많이 부족했다. 상대방의 마음을 잘 읽지 못하다 보니 자신이 하는 말이 상대에게 상처가 되는 것도 모른 채 막말을 하게 되었고, 미연이 말은 심각한 언어폭력이 되어 친구 가슴에 상처를 남기게 되었다. 자녀의 공감능력이 부족함은 깨닫지 못한 채 오히려 또래보다 성숙하다고 생각하는 미연이 엄마를 보면서 아무리 팔은 안으로 굽는다지만 자기 자식을 저렇게 모르나 싶어 당혹스러운 마음이 들었다.

초등학교 고학년이 되면 아이들도 자기 주관이 생기면서 부모나 교사의 기대에 부응하려고 한다. 만약 부모가 자신을 모범적인 아이라고 생각하고 있다면 실제로는 그렇지 않더라도 부모 앞에서는 모범적인 모습을 연출한다. 특히 부모가 강압적이고 권위적일 경우 가정과 학교에서의 생활이 완전히 다른 이중적인 모습을 보이기도 한다. 평소 담임 교사와 지속적으로 소통해서 아이의 다른 모습에 당황하는 일이 없어야 할 것이다.

부모는 자녀를 객관적으로 평가하고 장점과 부족한 점에 대해서 잘 파악하고 있어야 한다. 자녀를 무조건 좋게만 바라보면 아이의 잘못에 대해서는 눈과 귀를 막게 된다. 부모의 이런 태도는 아이가 자신의 잘못을 깨닫지 못하게 해서 더 큰 문제를 낳는 결과를 초래할 수 있다. 아이를 올바르게 키우기 위해서는 냉정하고 객관적인 부모의 시선이 필요하다.

원칙⑤ 가정은 아이의 정서적 쉼터가 되어야 한다

초등학교 4학년인 민호는 표정이 어둡고 행동이 산만했으며 외모도 지저분하여 학급 친구들이 슬슬 피하는 아이였다. 민호 아빠는 민호가 초등학교 1학년 무렵 이혼했고, 그 후 재혼을 해서 민호는 계모 밑에서 자라고 있었다. "새엄마가 아빠가 계실 때는 잘해주는 척하지만 아빠가 안 계실 때는 저한테 화풀이하거나 짜증을 낼 때가 많아요. 반찬도 맛이 없어서 친구들과 놀다가 밖에서 대충 때우고 들어갈 때도 많아요."

다연이는 부모님의 갈등으로 학교생활에 집중할 수가 없었다. 언제 이혼할지 모르는 부모님 때문에 늘 불안하고 무섭다고 호소했다. "우리 집은 대화가 없어요. 부모님은 부모님대로, 저는 저대로 각자 생활해요. 두 분이 싸우지만 않아도 그날은 행운이에요."

상담실에 오는 아이 중에는 가족문제로 고민을 토로하는 아이들이 많다. 부부싸움, 이혼, 계부, 계모와의 갈등 등 한창 사랑받고 구김살 없이 자랄 나이에 세상의 온갖 고민은 다 짊어진 듯한 얼굴을 하고 있다. 특히 이혼 자체도 문제지만 그 과정에서 부모가 보여주는 모습이 아이에게 더 큰 상처가 되는 경우가 많다. 자녀를 자기편으로 만들려고 아이를 조종하거나 상대 배우자를 비난하기 시작하면 아이는 정체감의 혼란을 겪는다. 특히 사춘기 아이는 머리로는 부모의 선택을 이해하지만, 정서적으로는 받아들이기 힘들어한다. 아이마다 차이는 있지만 반항, 등교 거부, 학업 포기, 비행 등의 문제로 이어지기도 하고, 심한 경우 우울증을 겪기도 한다.

부부갈등이 최고조에 이른 상황에서 부모가 자녀의 마음을 일일이 신경 쓴다는 것은 말처럼 쉬운 일은 아니다. 그러나 이혼의 결과로 같이 살게 됐든 떨어져 살게 됐든, 부모는 아이와 좋은 관계를 유지하고 아이에게 늘 사랑한다는 확신을 줘야 한다. 그래야 아이는 부모의 이혼 충격에서 하루빨리 벗어나 심리적으로 안정을 회복할 수 있다.

살다 보면 여러 가지 일을 겪게 되지만, 가정은 어떠한 경우라도 아이의 보호막이 되어야 한다. 그리고 신뢰와 사랑의 공간이 되어야 한다. 사춘기는 성장통 외에도 친구관계, 학업, 진로 등으로 고민이 많고 힘든 시기다. 아이에게 '엄마 아빠는 너의 편이야'라는 인식을 심어줌으로써 정서적으로 안정될 수 있도록 해주어야 한다.

원칙⑥ 가족이 함께하는 규칙과 원칙을 세운다

최근 컴퓨터와 TV, 스마트폰을 통해 자극적인 뉴스, 메신저, 각종 게임에 노출된 아이들의 정신건강이 위협받고 있다. 미디어 중독에 빠진 아이들을 만나보면 대부분 아주 어렸을 때부터 무분별하게 게임이나 스마트폰을 접했다.

초등학교 4학년인 준수는 게임을 너무 좋아해서 방과 후에는 거의 게임에만 빠져서 지낸다. 야단도 치고 못하게 막아보기도 했지만 "이것만 끝내면 그만할게", "이것만 깨면 끝이야"라는 말만 반복할 뿐 준수의 버릇은 쉽게 고쳐지지 않았다. 빠르고 확실한 보상이 주어지는 게임의 매력에 빠진 아이들이 그 유혹에서 빠져나오는 건 쉬운 일이 아니다. 무조건 금지하는 식의 지도는 반발만 불러오고 효과를 기대할 수 없다. 관심을 가지고 자녀에게 게임에 대해 묻기도 하고, 때로는 직접 게임을 해보며 아이와 소통을 시도해야 한다. 무조건 "그만해"가 아니라 "이번 라운드만 끝나면 마무리할까?"라는 식의 대화로 지도하는 것이 현명하다.

과도한 미디어 사용은 특히 사춘기 아이들의 뇌 발달에 치명적인 영향을 미칠 수 있다. 자극적인 게임은 뇌에 빠른 반응을 요구할 뿐, 깊게 사고하는 뇌 발달을 저해한다. 또 폭력적인 게임은 뇌의 공격적인 사고를 활성화하고, 합리적으로 판단하고 결정하는 전두엽의 활동을 막는다. 따라서 평소 적절한 컴퓨터 이용시간을 아이와 의논해서 정하고, 식사시간에는 스마트폰 사용하지 않기, 학교 과제를 먼저 한 다음 컴퓨터를 사용하기 등 규칙을 정해 아이가 스스로 통제할 수 있도록 해야 한다.

시대가 바뀌어서 미디어매체를 사용하지 않을 수 없다고 하지만, 게임 중독, 스마트폰 중독인 아이들의 이면에는 부모의 무관심이 있다. 부모는 아이가 무얼 하는지, 무엇을 좋아하는지 항상 관심을 가지고 '통제'와 '지원' 등의 도구를 적절히 사용할 줄 알아야 한다. 이때 가족이 모두 함께 지키는 규칙과 원칙이 있으면 아이도 무조건 자기 마음대로 하려 하기보다는 쉽게 받아들인다. 혹 아이가 스마트폰과 컴퓨터에 집착을 보인다면 아이가 좋아할 만한 활동이나 운동 등으로 관심사를 넓혀주는 것도 좋은 방법이다.

배우고 노력하지 않으면
좋은 부모가 될 수 없다

가정문제로 심한 스트레스를 겪고 있는 충우를 만났다. 얼굴빛이 어두웠고, 질문에도 건성으로 짧게 대답했다.

"많이 힘들어 보이는데 왜 그런지 선생님한테 이야기해줄 수 있겠니?"

"부모님 때문에 힘들어요."

"부모님이 너를 힘들게 하시니?"

"네. 엄마 아빠는 얼굴만 보면 티격태격 싸워요. 요즘에는 거친 말도 서슴없이 하세요. 아빠는 저한테 잘해주려고 하시지만, 엄마와 싸운 모습을 본 뒤라 그런 아빠와 아무렇지 않은 듯 얘기하는 게 서먹하기만 해요. 엄마는 저만 보면 아빠를 헐뜯고요."

충우 엄마를 만나 아이의 고민을 얘기했다. 그러자 엄마의 반응은 싸늘하기만 했다.

"자식 키우기 너무 힘드네요. 자식이 하나라 하고 싶다는 것 다 해주며 키웠는데도 맨날 화난 얼굴이고, 시키지 않은 짓만 하고 다니네요. 집에 가면 아주 혼쭐을 내야겠어요."

안타깝게도 요즘 부모들을 보면 아이가 고민하고 괴로워하는 이유는 알려고 하지 않은 채 물질적 지원만으로 부모의 역할을 다 하고 있다고 착각하는 경우가 많다. 한마디로 아이의 정서적인 호소에는 무심하고 둔감하다. 충우 엄마에게 부모 사이에서 길을 잃고 방황하는 아이의 스트레스에 대해 설명하고 가정에서 부모의 역할에 대해 전한 뒤 상담을 끝냈지만 쓸쓸한 마음을 감출 수가 없었다.

유진이는 뒤에서 친구 험담을 하고 따돌림을 시킨 일로 상담에 오게 되었다. 상담 결과 유진이는 엄마와 심각한 갈등을 겪고 있었다.

"선생님, 사실 제가 유진이한테 심하게 대할 때가 많았어요. 유진이 동생한테는 그러지 않는데 유독 유진이한테 왜 그런지 모르겠어요. 한바탕 아이한테 화풀이하고 나면 미안한 마음이 들고 죄책감이 들어서 혼자 많이 울었어요. 그런데도 막상 아이의 행동을 보면 불같이 화가 나고 자제가 되지 않을 때가 많아요. 제가 문제라는 생각이 들어서 학부모 교육도 받아봤지만 쉽게 달라지지가 않네요. 어쩌면 좋을까요?"

유진이 엄마는 감정조절이 잘되지 않았다. 화가 나면 그 즉시 만만한 큰아이한테 화풀이를 했고, 화풀이 대상이 된 유진이는 속수무책으로 당할 수밖에 없었다. 내 가족, 내 아이니까 괜찮다는 생각에 감정이 시키는 대로 거침없이 말을 내뱉은 것이 문제였다. 극심한 스트레스 속에서 엄마에 대한 분노를 풀 길이 없었던 유진이는 친구를 놀리고 따돌리는 잘못된 방식으로 쌓인 화를 풀려고 했다.

부모는 자신의 감정을 다스릴 줄 알아야 한다. 자녀교육의 핵심요소 중 하나는 '인내'와 '기다림'이다. "유진이가 화가 많이 났었구나. 정말 속상했겠다. 하지만 화가 난다고 네 마음대로 행동해서는 안 되겠지? 그러면 엄마도 너무 속상하거든." 아이 눈높이에서 쉽게 설명해주고 상대방의 입장에서 생각할 수 있도록 지도해야 한다. 유진이 엄마는 자신의 문제를 인식하고 반드시 고치도록 노력해야 한다. 유진이의 문제행동이 고쳐질지는 엄마의 변화유무에 달려 있기 때문이다.

부모가 된다는 것은 아이를 통해 즐거움과 보상을 받는 기쁜 일이지만, 한편으로는 경제적, 정신적으로 많은 대가를 치러야 하는 어려운 일이다. 부모 역할은 단순하지 않으며 급속한 사회변화를 겪고 있는 요즘은 그 역할이 더 복잡해지고 있다.

점점 더 복잡해지는 자식농사

대학교 1학년 무렵 농촌 봉사활동을 다녀온 적이 있다. 도시에서 자란 나는 시골생활에 대한 막연한 동경이 있었다. 비록 일손을 돕기 위해 떠난 농촌행이었지만 얼마간의 낭만을 기대하고 떠난 봉사활동이었다. 하지만 벼를 심고 잡초를 뽑는 작업을 하면서 세상에서 제일 어렵고 힘든 일이 농사란 걸 뼈저리게 실감했다. 이후로 나는 떨어진 밥 한 톨도 소중히 여기는 마음을 지니게 되었다. 자식을 키우는 일을 농사에 비유해서 '자식농사'라는 말을 쓰곤 한다. 그만큼 힘들고 어려운 일이 자녀양육이기 때문일 것이다.

농사일을 시작하려면 농사에 대한 지식과 기술을 먼저 배우고 익혀야 한다. 자녀양육도 마찬가지다. 배워야 부모 노릇을 제대로 할 수 있다. 공부하지 않는 부모는 자신의 경험과 지식만을 믿고 자녀에게 잘못된 지도를 주는 오류를 범하기 쉽다. 정확하지 않은 정보와 경험에만 의지해서 아이를 다루려는 안일한 태도는 자녀를 그릇될 길로 인도할 수 있다.

급한 마음을 잠시 내려놓고 이제라도 아이와 어떻게 잘 지낼 것인지, 문제가 있다면 어떻게 풀어가야 할 것인지 배워야 한다. 특히 청소년 자녀를 둔 부모라면 아이가 겪는 마음의 갈등, 학업에 대한 스트레스, 또래 관계에서 느끼는 불안에 공감해주고 격려하는 일을 소홀히 해서는 안 된다. 사랑하는 내 아이를 어떻게 하면 행복하게 자라나게 할 수 있을지 고민하지 않는 부모는 부모자격이 의심스러운 사람이다.

십대의 문제는 아주 작은 일에서 시작된 경우가 대부분이다. 유리창에 작은 금이 간 것을 수리하지 않고 방치하면 결국 유리 전체에 균열이 생겨 깨지고 만다. 아무 생각 없이 부모가 되고 준비 없이 자녀의 사춘기를 맞게 될 경우 '유리창에 생긴 작은 금을 왜 진작 보지 못했을까?' 하고 후회하는 순간이 오게 된다. 내 아이를 세심하게 관찰하면서 아이가 보내는 사인을 매 순간 민감하게 읽어야 한다.

동료 교사들과 학생들에 관해 이야기를 나누다가 이런 말이 오갔다.

"부모자격증을 만들어서 일정기간 교육을 받고 시험을 치른 후에 통과한 사람만이 부모가 되게 하면 어떨까?"

변호사, 의사, 약사 등의 직업을 가지려면 자격증이 있어야 한다. 일정 기간 공부하고 시험에 합격해야 비로소 자격증을 얻을 수 있다. 하지만 부모 역할에 대해서는 어떠한 자격증도 없다. 그래서일까? 아이만 낳으면 저절로 부모가 된다고 생각하는 사람들이 많은 것 같다.

배우고 노력하지 않으면 좋은 부모가 될 수 없다. 특히 빠르게 변화하는 시대이다 보니 새로운 환경에 적응하기 위해서는 부모도 배우고 공부해야 한다. 부모 역할은 평생 바꿀 수도 없고 그만둘 수도 없다. 남녀가 결혼하면 아이를 낳아 부모가 되고 누구나 부모 역할을 할 수 있다고 생각하지만, 준비 없이 부모가 되려는 것은 매우 위험한 생각이다. 부모가 되기 위해서는 심리적, 경제적, 신체적으로 많은 준비가 필요함을 간과해서는 안 된다.

준비 없이 맞이하는 사춘기는 아프다

학부모 대상 강연을 해보면 안타까운 마음이 들 때가 많다. 간혹 아직 어린 유아기의 자녀를 둔 부모도 있지만, 강연장을 찾은 대부분은 십대 자녀를 둔 부모들이다. 발등에 불이 떨어져서 다급한 마음에 강연을 들으러 온 사람들이다. 강연 중에 어린 자녀를 데리고 온 젊은 엄마가 눈에 띄어 질문을 던졌다. 자녀가 십대도 아닌데 강의장을 찾은 이유가 궁금해서였다. 그러자 질풍노도의 시기를 맞게 될 십대 자녀를 잘 키우기 위해 예습 차원에서 미리 공부하러 왔다는 답이 돌아왔다.

무방비 상태에서 자녀의 십대를 맞이하게 되면 생각지 못한 시행착오를 겪게 되고, 이 과정에서 부모와 자녀 모두 상처를 입게 된다. 자녀가 문제를 일으킨 다음에 수습하기 위해 책을 보고 강의를 듣는 부모는 그런 노력마저 안 하는 부모보다야 낫지만 때늦은 감이 있다.

만약 교육 과정에서 인간의 발달 및 발단 단계에 따른 심리적 특성에 대해 미리 공부했다면 부모가 되어서 겪어야 할 시행착오를 줄이고, 아울러 자신을 이해하고 성찰하는 시간도 가질 수 있을 것이다. 그러나 대부분은 그런 공부나 성찰을 할 기회를 갖지 못한 채 부모가 되었다. 준비과정 없이 부모가 되었기 때문에 오늘도 우왕좌왕하며 아이들과 씨름하느라 주름살만 늘어간다.

자녀의 발달단계에 따라 부모의 역할도 변한다. 그 때문에 배우지 않으면 부모 노릇을 제대로 하기 힘든 게 사실이다. 발달단계마다 새로운 전략을 세우고 자녀와의 관계를 조절할 필요가 있다. 하물며 격동의 변화기인 사춘기는 더욱 그러하다. 내 아이가 문제아여서가 아니라 내 아이를 잘 키우기 위해 사춘기에 대한 이해는 선행되어야 한다. 막연한 걱정과 불안은 내려놓고, 사춘기를 맞이할 아이와 좋은 관계 맺기에 성공할 길을 알아보자.

사춘기의 성을 대하는 부모의 자세

아이에게 성교육을 언제부터, 또 어떻게 시켜야 하는지는 모든 부모의 고민이다. 성 문제에 관한 상담을 해보면 아이보다 엄마가 더 당황하는 경우가 많다. 그러나 십대 자녀를 둔 부모라면 섹스와 성별의 차이, 사춘기 몸의 변화에 대해 아이와 열린 마음으로 대화할 수 있어야 한다. 올바른 성교육은 아이들이 자라서 어떠한 성 가치관을 가지고 살아갈지를 결정하는 중요한 일이며, 행복한 인간관계를 위한 필수조건이다.

1 몸의 변화

본격적인 사춘기에 접어들기 2~3년 전부터 소년(12~14세)과 소녀(10~12세)의 몸에는 여러 가지 변화가 일어나기 시작한다. 남자아이는 키와 몸무게가 늘어나고 성기와 고환이 확장된다. 사타구니와 겨드랑이에 털이 나고 수염이 자라기 시작한다. 변성기를 맞이해서 목소리도 변한다. 한편 여자아이는 가슴이 커지고 음부와 겨드랑이에 털이 나기 시작한다. 그리고 첫 월경을 맞이하게 된다.

2 호르몬의 변화

여자아이가 사춘기가 되면 뇌는 에스트로겐과 프로게스테론과 같은 성호르몬에 민감하게 된다. 성호르몬의 영향으로 몸의 감각이 예민해지고 감정적으로도 불안정해진다. 남자아이의 뇌는 사춘기가 되면 테스토스테론에 민감하게 반응한다. 테스토스테론의 양이 여자아이의 20배로 솟아오르면서 여아에 비해 공격적이고 활동적인 면을 보이게 된다. 그래서 축구나 농구 등 과격한 운동을 즐기게 되는 것이다. 테스토스테론은 공격성뿐만 아니라 근육과 생식기관의 발육을 촉진하여 성욕을 높인다. 따라서 어떤 연령에서보다도 큰 성 충동을 느끼게 된다.

3 첫 월경

여자아이는 에스트로겐의 영향으로 생리를 시작한다. 아이가 10세 정도가 되면 엄마가 초경에 대해 지도하는 것이 좋다. 예비지식 없이 갑자기 경험하게 되면 크게 당황하여 혹시 병이 아닌지 불안해할 수 있고 나쁜 것이라 생각하여 부모에게 숨기기도 한다. 생리는 엄마가 될 준비를 하는 아름다운 과정임을 알려주고, 갑자기 월경을 경험하게 됐을 때를 대비하여 생리대 사용법까지 알려준다.

4 몽정

딸의 월경과 마찬가지로 아들의 몽정에 대해서도 부모의 관심이 필요하다. 몽정을 경험하게 되면 아이는 불안해하거나 죄책감을 느낀다. 함께 목욕하는 기회를 이용해서 아빠와 자연스럽게 몽정에 관해 이야기를 나누는 것이 좋다.

5 자위행위

성호르몬이 증가하면서 사춘기 아이들은 성 충동을 느낀다. 특히 이 시기 남자아이들 80~90%는 자위행위를 통해 이러한 성욕을 해결한다. 따라서 부모는 이를 자연스러운 현상으로 받아들이고 지나치게 민감한 반응을 보이지 않도록 한다. 자녀 방에 들어갈 때는 반드시 노크해서 자녀의 사생활을 존중해주는 지혜가 필요하다. 다만 자위행위에 지나치게 몰입할 경우 일상생활에 지장을 초래할 수 있으므로 아이가 너무 성적인 것에만 몰입하지 않도록 관심사를 넓혀줄 필요가 있다.

6 음란물

대개 이 시기에는 여러 경로를 통해서 음란물을 접하게 된다. 이 또한 매우 자연스러운 현상이므로 너무 걱정하지 않아도 되지만, 한번 보기 시작하면 점점 더 자극적인 것을 찾게 되므로 자제시킬 필요는 있다. 심한 경우 음란물 속의 왜곡된 성을 그대로 받아들여 성에 대해 잘못된 가치관을 가지게 되고, 뇌가 너무 강한 자극을 받으면 학업에 지장을 받기도 한다. 특히 요즘은 휴대폰을 통해 언제든지 쉽게 음란물을 접할 수 있으므로 아이와 충분히 대화를 나눈 뒤 동의 아래 차단하는 것이 바람직하다.

7 이성교제

부모가 이성친구를 동성친구처럼 받아들이면 아이들은 자연스럽게 이성, 동성 가리지 않고 편안한 교우관계를 해나갈 수 있다. 무조건 이성교제를 반대하면 역효과를 낳는다. 음지로 숨어서 이성교제를 하게 되면 정작 부모의 손길이 필요할 때 도움을 받지 못하는 문제가 생길 수 있다.

이성교제 시에도 나름의 예절은 필요하다. 너무 늦은 시간에 만나지 않도록 하고, 밝고 개방된 장소에서 부모에게 미리 알리고 만날 수 있도록 지도한다. 스킨십에 대한 기준을 정하고 스킨십으로 일어날 수 있는 일과 그 결과에 책임을 져야 한다는 사실을 아이가 인식할 수 있도록 한다. 특히 여자아이의 거부 의사를 액면 그대로 받아들이고, 침묵을 동의로 착각하는 일이 없도록 지도한다.

상대에 대한 예의를 갖추고 자연스럽게 이성교제를 하다 보면 서로가 성숙하는 좋은 기회가 되어 성장에도 긍정적인 영향을 미친다. 부모는 아이들의 이성교제를 허용하되 지켜야 할 것에 대해 알려주어서 상대를 배려하고 소중히 여기는 마음을 키워갈 수 있도록 해주어야 한다.

🔟 성폭력

부모는 성폭력을 예방하기 위해 어릴 때부터 자연스럽게 아이가 자신의 몸을 지킬 수 있도록 해주어야 한다. 사람의 몸은 소중하므로 누구도 함부로 손을 대서는 안 된다는 것을 알려주어야 한다. 강제로 신체접촉을 요구할 경우 단호하게 "싫다"고 의사표현을 하고, 그 상황에서 벗어나도록 지도한다. 폐쇄된 공간에서 단둘이 있게 될 경우 상대가 자신과 생각이 다를 수 있음도 알려준다.

성폭력이 일어난 사례를 들어 대처법에 대해서도 미리 알려주는 것이 좋다. 만약 성추행 등 불쾌한 일을 당했다면, 반드시 부모와 상의할 수 있도록 지도한다. 이 과정에서 성에 대해 부정적인 생각을 가지지 않도록 성보다는 폭력에 초점을 맞추어 지도하고, 나쁜 어른보다는 아이들을 보호하려는 어른이 더 많다는 것을 일러주는 것이 좋다.

9 동성애

사춘기 아이들은 친구관계를 매우 중요하게 여긴다. 그래서 여학생이든 남학생이든 동성친구를 좋아하는 경향이 있다. 이런 경향은 시간이 지나면서 자연스럽게 이성에 관한 관심으로 옮아가므로 너무 걱정하지 않아도 된다. 계속 동성에게 이성적인 감정을 느끼게 되면 동성애적 경향이 있는 것으로 볼 수도 있지만, 그렇다고 미리 단정 짓기보다는 열린 시각으로 아이와 대화를 나눠보는 것이 좋다. 혹시 아이가 성 정체성에 혼란을 느낀다면 학업, 교우관계 등에서 정서적으로 매우 힘들 수 있다. 이 시기를 잘 보낼 수 있도록 부모가 지원해주어야 한다.

chapter 2

사춘기 아이의
모든 행동에는
이유가 있다

부모님과는
얘기하고 싶지 않아요

민형이가 처음 가출을 시작한 것은 초등학교 5학년 무렵이었다. 이후에도 가출이 계속되자 답답한 마음에 담임교사가 상담을 의뢰해서 민형이 아빠와 만나게 되었다. 민형이 아빠는 민형이가 어렸을 때부터 자신의 계획대로 민형이를 통제하고 관리했다. 지방근무로 집을 비우는 일이 잦을 때도 문자나 카톡으로 아이의 일거수일투족을 살피는 등 과도한 통제로 아이를 힘들게 했다.

아빠의 과잉 통제에 힘들어하던 민형이는 아빠가 일찍 들어오는 날이면 핑계를 대고 일부러 집에 늦게 들어가기 시작했다. 그리고 초등고학년이 되자 늦은 귀가는 외박으로 발전했다. 아이의 가출이 반복되자 지친 아빠는 이제 더는 아들을 찾고 싶지 않다고 했다. 집 나가서 세상이 무섭고 험하다는 걸 느끼면 제 발로 걸어 들어올 것이라고 했다.

부모의 엄격한 통제가 먹히는 것은 사춘기 전까지다. 사춘기가 시작되면 엄격함만으로는 더는 아이를 움직일 수 없다. 오히려 아이는 그동안 억눌린 것에 대한 반동으로 더 멀리, 더 빠르게 부모에게서 튕겨 나간다.

부모가 규칙을 정하고 아이가 따르도록 요구하는 것은 꼭 필요한 것을 가르치기 위해서다. 하지만 유연함이 배제된 엄격함은 교육적 효과보다는 아이의 일탈행동을 부추기는 결과를 낳는다. 사춘기 자녀를 둔 부모에게는 엄격함 속에서 아이의 내면도 함께 살필 줄 아는 섬세함이 필요하다.

말 잘 듣고 순했는데 갑자기 거칠어졌어요

말을 고분고분 잘 듣던 아이가 어느 날 갑자기 자기주장이 강해지고 말투가 거칠어지면 부모들은 '드디어 올 것이 왔구나'라는 생각에 가슴이 덜컥 내려앉는다. 과격한 말과 행동에서 아이가 사춘기에 접어들었음을 실감한다. 하지만 조사에 따르면 '질풍노도의 사춘기'를 보내는 아이들은 전체 아이 중 20%에 불과하고, 대부분 아이는 약간의 짜증과 독립에의 욕구를 보이는 정도로 그친다. 부모 중에는 사춘기가 되면 아이가 마치 괴물이라도 되는 양 미리부터 겁을 집어먹는 사람이 있는데, 이런 걱정은 기우일 가능성이 크다.

부모의 중고교 시절을 되돌아봐도 별문제 없이 학교에 잘 다녔고 친구들과 즐겁게 지냈던 기억이 떠오를 것이다. 복장이나 두발, 연예인 문제 등으로 부모님의 잔소리를 듣고 사소하게 말대꾸는 했지만 큰 탈 없이 사춘기를 지나왔다. 비행이나 가출, 우울 등 심각한 문제를 겪었던 일은 극히 드물었을 것이다.

사춘기를 유독 심하게 겪는 아이들은 이미 그 이전에 부모와의 관계에 문제가 있었던 경우가 많다. 상담실에서 만났던 부모들은 "부모 말한 번 거역한 적이 없었을 정도로 착했던 우리 아이가 왜 이렇게 변했는지 모르겠어요"라고 말한다. 그런데 이 말 속에 왜 아이가 변했는지 답이 있다.

아이가 어렸을 때는 모든 것을 부모에게 전적으로 의존할 수밖에 없다. 부모를 거역하는 것은 곧 생존에 대한 위협이기 때문이다. 그래서 억울해도 참고 화가 나도 그냥 넘어간다. 특히 부모가 강압적인 경향이 있거나 지나치게 논리적이고 기운이 세면 상대적으로 아이는 더 자신을 숨기게 된다. 하지만 사춘기에 접어들면 그동안 억눌렸던 분노와 욕구가 한꺼번에 튀어나온다. 많이 억눌리고 쌓인 게 많을수록 강하게 터져 나온다.

친구들과 어울려 가출을 반복한 성우의 경우에도 상황은 별반 다르지 않았다. 상담실에 온 성우 아빠는 착하기만 했던 아이의 변한 모습에 이유를 모르겠다고 하소연했다. 하지만 성우의 얘기는 달랐다. 초등학교 때부터 책상에서 조금이라도 멀어지면 아빠는 강압적인 목소리로 공부를 강요했다. 아빠 밑에서 눌려 지내던 성우는 사춘기가 되면서 서서히 반항의 길로 들어서기 시작했다. 담임교사의 지도에도 잘못을 인정하지 않고 대들기 일쑤였다. 상담을 통해 만나본 성우는 아빠를 아빠라 부르기도 싫다면서 분노를 드러냈다.

아이가 반항적인 태도를 보이는 이유는 어렸을 때부터 부모가 아이의 자율성을 존중해주지 않고 침범한 경우가 대부분이다. 지나치게 엄격한 부모의 양육태도가 원인일 수 있다. 세상에서 마음대로 할 수 있는 게 하나도 없다는 갑갑함에 지배당하면 아이는 공격적인 행동이나 반항적인 태도로 분노를 발산하려고 한다. 자식의 마음을 제대로 읽지 못한 대가를 부모는 톡톡히 치러야 한다.

방문을 걸어 잠그는 아이들

내가 세 아이를 키우면서 사춘기에 접어들었다는 걸 느꼈던 공통된 행동이 있었다. 바로 '방문 걸어 잠그기'다. 도대체 방에서 뭘 하려고 저러나 싶어 당혹스러웠다. 하지만 부모에게서 독립하고자 하는 욕구임을 인정하고 허락 없이는 아이들 방에 들어가지 않았다. 그러자 어느 날부터 문을 잠그는 일이 자연스럽게 없어졌다.

아이가 방문을 잠그고 자신만의 공간을 지키는 것은 부모에게 의존하던 단계에서 벗어나서 독립된 존재로서의 삶을 살겠다는 신호이므로 너무 예민하게 받아들일 필요는 없다. 그런데 많은 부모가 아이만의 공간을 허락하는 데 인색한 것 같다. 이제 초등학교 5학년인 혜영이는 상담실에서 고민을 토로했다.

"선생님, 제 방은 문이 없어요."

"뭐라고? 문이 왜 없어?"

"엄마가 문을 아예 떼버리셨어요. 제가 공부를 하나 안 하나 감시하려고요. 집에 남동생도 있고 아빠도 계시는데 문이 없으니까 옷 갈아입을 때도 너무 신경 쓰여요. 엄마한테 사정도 해봤지만 제 말은 들으려고 하지 않으세요. 누군가에게 일거수일투족이 감시당한다고 생각해보세요. 정말 미치겠어요!"

아이가 방문을 걸어 잠그면 부모는 소설을 쓰고 상상의 나래를 펼친다. '저 안에서 무슨 짓을 할지 어떻게 알아?', '이 녀석이 반항하네!', '혼자서 몰래 야동이라도 보는 건 아닐까?'

그러다가 결국은 참지 못하고 아이 방문을 거칠게 두드리며 고함을 친다. 심할 경우 혜영이 엄마처럼 아예 방문을 없애버린다. 특히 아이가 어릴수록 아이를 더 강하게 통제해야 한다고 생각하는 엄마들이 많다. 혜영이 엄마는 아직 아이에겐 사생활이 따로 필요 없다고 생각했고, 이렇게 해도 아이가 어려서 크게 상처받지 않을 거라고 생각했다. 그러나 부모가 생각하는 것보다 더 빨리 아이는 혼자만의 시간이 필요해졌다. 아이가 원한 건 단지 그것뿐이었는데, 부모가 이렇게 과잉반응하면 아이는 방문만 걸어잠그는 게 아니라 마음의 문도 꽁꽁 잠그게 된다.

"엄마는 내 얘기에는 아예 관심도 없어요. 엄마 얘기만 해요. 얘기하라고 해서 말을 하면 다짜고짜 화부터 내시니까 더 이상 엄마와는 얘기하고 싶지 않아요."

한 발짝만 물러나 아이 입장에서 생각해보면 그리 화날 일도, 서운할 일도 아니다. 사춘기의 발달과업인 정체감 확립을 위해서는 혼자만의 시간과 공간이 필요한 것은 당연하다. 그런데 부모는 단순히 방문을 닫았다는 이유만으로 아이 마음속 폭풍은 짐작도 하지 못한 채 무슨 나쁜 짓이라도 하는 줄 안다.

아이가 화를 내고 반항하면 부모는 아이의 행동을 고쳐주려 한다. 그래서 야단도 치고 과도하게 간섭하면서 가르치려 한다. 부모의 이런 반응에 아이는 더 화가 난다. 자신이 못난 존재라는 생각만 들 뿐 마음속 분노는 해소되지 않는다. 이럴 때는 어떤 충고보다도 아이가 충분히 생각할 수 있도록 혼자만의 시간을 주는 것이 좋다.

드러난 행동 이면의 감정 발견하기

십대 아이들은 자신의 감정을 명확하게 인식하지 못한다. 그래서 우울해도 화를 내고, 불안해도 화를 낸다. 화를 내는 아이의 마음속엔 두려움이 있을 수도 있고, 슬픔이 자리하고 있을 수도 있다. 무서워서 피하고 싶거나 울고 싶을 때도 화로 표출된다. 이 외에도 여러 가지 감정이 '화'라는 탈을 쓰고 나타날 수 있다. 화난 이유가 해소되지 않으면 부모의 기세에 눌려 기가 죽었다가도 조만간 다시 화가 폭발한다.

이럴 때는 아이의 드러난 행동 이면의 감정을 발견해서 공감하고 지지해주는 것이 해결의 열쇠가 될 수 있다. 아이가 마음껏 감정을 쏟아내고 나면 오히려 변화가 일어난다. 마음속에 숨어 있는 감정은 호시탐탐 기회를 노리며 표출할 준비를 한다. 이때 부모가 잘 받아주어서 부정적인 감정이 안전하게 표출되고 나면 아이는 심리적 안정감을 느낀다.

분노를 분노로 맞서게 되면 아이들은 자신의 진짜 감정을 마주할 수 없다. 감추고 숨기고 잊어버리려고 한다. 아이들의 분노에도 위로로 다가가려는 마음의 준비가 필요하다. 위로받고 인정받을 때 아이들은 비로소 자신의 내면을 들여다볼 수 있다. 변화가 시작되는 시점은 여기서부터다.

저도 모르게 자꾸
거짓말이 튀어나와요

도덕성과 관련해서 부모가 가장 고민하는 문제는 '도벽'과 '거짓말'이다. 아이들은 여러 가지 이유로 거짓말을 한다. 만 7세까지는 아직은 미숙한 자신을 괜찮은 사람으로 보이고 싶은 마음에서 거짓말을 한다. 거짓말에 당황한 부모는 혼을 내며 아이의 행동을 고치려고 하지만 이런 방법은 아이로 하여금 자신이 나쁜 사람이라는 생각을 들게 해서 위축되게 하고 거짓말을 방어하기 위해 또 다른 거짓말을 하게 만든다. 따라서 이 시기에는 거짓말을 도덕적인 잣대로 판단하기보다는 거짓말을 하는 아이 마음에 먼저 공감해주는 것이 필요하다. 그다음에 시시비비를 가리고 훈육을 해도 늦지 않다.

하지만 아이가 학교에 입학하고 성장하면서 일어나는 거짓말에 대해서는 대처방법이 달라져야 한다. 이 시기 아이들의 거짓말은 도덕성과 연관된 진짜 거짓말이기 때문이다. 이 아이들은 부모에게 혼날까 봐, 잘못된 행동에 대한 책임을 피하려고, 자존심을 지키고 창피함을 피하기 위해 거짓말을 한다. 그런데 거짓말을 자주 하는 아이의 가정을 보면 부모가 아이를 믿지 못해 추궁하거나 부부싸움이 잦은 경우가 많고, 부모가 지키지 못할 약속을 하는 경우가 많다. 또 부모의 기대가 클 경우 기대에 부응하기 위해 거짓말을 하기도 한다.

아동기나 청소년기에 아이가 거짓말을 자주 한다면 부모의 관심이 매우 중요하다. 거짓말을 하지 않아도 주목받고 관심받을 수 있다는 것을 느끼게 해주자. 마음속에 결핍된 욕구가 채워지고 거짓말을 하지 않아도 된다는 것을 느끼게 되면, 나쁜 습관은 저절로 사라진다.

관심받고 싶어서 거짓말한 아이

초등학교 6학년인 영호는 거짓말의 도가 지나쳐서 문제가 꽤 심각한 상황이었다. 아프다고 학교를 빠지는 일은 다반사였고 책을 산다고 용돈을 받아 온종일 PC방에서 지내기도 했다. 크고 작은 거짓말이 계속되자 부모는 아이의 말이 어디까지가 진실이고 거짓인지 분간하기조차 힘든 지경에 이르렀다. 그러다 보니 아들을 완전히 믿지 못하게 되었고 매사를 부정적으로 바라보게 되었다. 부모 자식 간 갈등의 골은 점점 깊어졌다.

부모는 속았다고 생각하는 순간 아이에게 배신감이 들고 아이가 이상한 사람이 되는 건 아닌지 불안해진다. 아이를 위해 반듯하게 살아왔다고 자부했는데 아이가 거짓말을 밥 먹듯이 한다면 어느 부모라도 받아들이기 쉽지 않을 것이다. 영호와 얘기해보니 평소 자신의 말에 귀를 기울이지 않던 부모님이 거짓말을 할 때는 관심을 보였다고 한다. 그리고 잠시지만 관심받는 것이 행복했다고 했다. 부모의 태도가 아이의 거짓말을 강화시킨 결과였다. 평소에 관심과 보살핌을 받지 못했던 영호는 거짓말을 해서라도 관심을 받고 싶었던 것이다. 이 경우 부모가 적극적으로 아이에게 사랑과 관심을 보이면 아이의 거짓말 증세는 빠르게 사라진다.

아이가 자꾸 거짓말하는 이유

승철이는 담임교사에게 거짓말을 밥 먹듯이 하는 아이였다. 처음에는 야단도 치고 타이르기도 했지만 승철이의 버릇은 고쳐지지 않았다. 학부모 상담을 진행하면서 승철이가 거짓말하는 이유를 알게 되었다.

"저희가 승철이를 좀 엄격하게 키웠어요. 학생이면 학생답게 행동해야 한다고 생각했거든요. 아이가 조금만 실수해도 심하게 야단을 쳤어요. 그랬더니 어느 날부터 야단맞는 걸 피하려고 조금씩 거짓말을 하기 시작한 것 같아요. 계속 거짓말을 하면서 우기면 혹시라도 피해갈 수 있다는 생각에 그런 것 같아요."

승철이의 경우처럼 실수를 용납하지 않는 부모 밑에서 자란 자녀도 거짓말을 하게 된다. 이런 부모들은 못된 습관을 뿌리 뽑겠다고 회초리를 들고 추궁해서 다시는 거짓말 하지 않겠다는 다짐을 받고도 의심의 눈초리를 거두지 않는다. 그러면 아이는 유사한 상황이 발생하면 부모의 야단과 잔소리를 피하기 위해 또 다른 교묘한 거짓말을 한다. 어차피 이실직고해도 혼이 나고 잡아떼다 발각되어도 혼이 날 상황이라면 위험을 무릅쓰고라도 잡아떼려고 한다. 혹시 발각이 안 되면 그냥 넘어갈 수 있기 때문이다.

"승철아, 네가 거짓말하는 것 때문에 엄마가 걱정을 많이 하시던데, 사실대로 말하는 게 힘드니?" 아이는 머뭇거리면서 대답했다. "사실 저도 거짓말을 하고 나면 죄책감이 들어요. 하지 말아야지 하면서도 쉽게 안 고쳐져요." 엄마와 아들은 함께 상담을 받으면서 그동안 얼마나 힘들고 외로웠는지에 대해 얘기를 나누었다. 자신의 잘못으로 아이가 상처받았다는 것을 깨닫게 된 승철이 엄마는 미안함과 후회로 눈물을 쏟았다.

아이가 문제행동을 할 경우 부모는 '어떻게 고칠까?'만 고민한다. 그러나 '왜' 그럴까를 먼저 생각해야 한다. 아이의 문제행동은 대부분 부모의 행동에 대한 반작용일 때가 많다. 아이들 나름대로는 살기 위한 방법인데 부모에겐 문제행동으로 비치는 것이다. 따라서 문제가 부모에게서 시작된 것은 아닌지 한 번쯤 고민해보는 시간이 필요하다.

부모의 진심 어린 말이 아이들의 거짓말 하는 습관을 바로잡을 수 있다.

"당장 거짓말을 하면 이익이 된다고 생각할 수 있지만 조금만 길게 보면 그게 아니란 걸 알게 될 거야. 친구에게 거짓말을 하면 처음 한두 번은 네 말을 믿을지도 몰라. 하지만 결국은 거짓말이 들통 나게 되고 친구들은 배신감을 느껴서 너를 상대하지 않으려고 할 거야. 친구와 친해지려고 한 거짓말이 오히려 친구 사이를 더 멀어지게 할 수 있단 얘기야. 네 생각과는 달리 더 비싼 대가를 치르게 돼.”

거짓말을 하면 오히려 손해가 돌아온다는 것을 논리적으로 설명해주는 것도 좋다. 현실을 인정하기 힘들어서 거짓말을 하는 경우에는 현실을 직시하도록 도와주어야 한다.

“거짓말로 너를 포장할 필요는 없단다. 거짓말로 아무리 너를 꾸민다고 해도 거짓말이 네 현실을 바꿔주는 건 아니야. 거짓말이 오히려 네 자신을 더 초라하게 만들 수 있단다.”

엄마가 솔직한 마음을 담아 아이에게 전달하면 아이 마음에도 변화가 일어난다. 아이가 거짓말한 사실을 솔직하게 고백할 경우 수용하고 이해해주어야 하고 거짓말을 할 수밖에 없었던 마음을 헤아려주어야 한다. 사실대로 얘기했을 때 야단을 치면 거짓말은 점점 더 강도가 심해진다. 만약 거짓말이 도를 넘어서고 대화로 해결이 되지 않을 경우에는 반드시 전문가의 도움을 받아야 한다.

거짓말하는 습관부터 고쳐야 미래도 있다

거짓말을 사춘기의 일반적인 증상으로 이해하는 사람도 있는데 그렇지는 않다. 사춘기와 거짓말은 아무런 관련이 없다. 아이가 거짓말을 하기 시작하면 부모는 ‘그럴 수도 있지’라고 안일하게 대응하기보다는 관심을 가지고 그 이유를 먼저 생각해보아야 한다. 그렇다고 거짓말을 못 하도록 물샐틈없이 방어막을 치면 거짓말은 점점 더 심해진다.

둘째 아이가 중학생이었을 때 가끔 학원에 가기 싫다고 투정을 부렸다. 대부분 이런 경험을 해봤을 것이다. 이럴 때면 나는 이유를 묻고 따지기보다는 아이 판단에 맡겨두는 편이다. 몇 번 꾀를 부리던 아이도 내가 별 간섭을 하지 않자 특별한 일이 없으면 학원을 빠지지 않게 되었다. 빠지면 보충수업을 받아야 하니까 오히려 나중에 더 귀찮아진다는 것도 깨닫게 되었다. 어른들도 한 번씩 직장에 가고 싶지 않을 때가 있다. 그런데도 아이에게 학원은 절대 빠져서는 안 되다는 원칙을 강요하면 아이는 거짓말을 하게 된다.

"학생이 하라는 공부는 안 하고 학원 빠질 궁리만 하고 있어. 도대체 커서 뭐가 될지, 쯧쯧."

"옆집 현아는 학원을 몇 개씩 다녀도 한 번도 안 빠지고 잘만 다니는데, 넌 고작 한두 군데 가지고 맨날 엄살이니? 도대체 커서 뭐가 되려고 그러니?"

이런 잔소리는 아이의 반항심을 키우고 또 다른 거짓말을 하게 한다. 그러면 학원 가기 싫어 거짓말하는 아이를 이대로 내버려둬야 할까? 우선순위를 정해야 한다. 숙제를 하거나 학원에 가는 것보다 더 중요한 것은, 거짓말하는 습관을 바로잡는 일이다. 어떻게 하면 학원을 잘 다니게 할지를 고민하는 것이 아니라 어떻게 하면 거짓말하는 습관을 고칠 수 있을지를 고민하는 게 먼저다.

매일같이 가는 학원이 힘들어서 빠지고 싶어한다면 학원 가는 날을 줄여서 아이가 부모와의 약속을 지킬 수 있게끔 해주면 된다. 이런 조정과 타협 과정에서 아이는 자신의 의견이 존중받는다는 것을 느끼고 더는 거짓말을 할 필요가 없다는 것도 깨닫게 된다.

부모 입장에서는 아이에게 불성실한 습관이 생길까 봐 고민되고 공부를 안 할 경우 미래가 걱정스러울 수 있다. 하지만 거짓말부터 고쳐야 성실도 있고 미래도 있고 아이 인생도 있다.

화가 날 때면
미칠 것 같아요

아이가 사춘기에 들어서면서 반항이나 문제행동을 보일 경우 중요한 것은 부모의 관점이 아니라 아이의 관점에서 감정과 행동을 바라보는 것이다. 부모가 화난 상태에서 감정적으로 다그치면 아이도 감정적으로 받아들이게 되어 관계만 나빠진다. 아이들은 어떤 행동 때문에 혼났는지보다 어떻게 혼났는지만 기억한다. 또 잘못에 비해 심하게 야단을 맞으면 그것으로 잘못이 상쇄되었다고 여기고 자신의 행동에 대해서 반성하지 않는다.

또 부모가 감정에 치우쳐 아이를 훈육하게 되면 언어폭력이나 물리적 폭력 등을 행사하기 쉽고, 이런 대응은 아이에게 모욕감을 주고 부모에 대한 분노만 키운다. 지나치게 강한 체벌로 갈등의 골이 깊어지게 해서는 안 된다.

이미 여러 연구결과가 말해주듯 체벌은 교육적으로 거의 효과가 없다. 나쁜 행동을 고치기는커녕 아이의 내면에 억울함과 분노만 심어준다. 매를 맞았을 때 느낀 공포심과 분노만 남게 되어 사춘기가 되면 학교폭력의 가해자로, 성인이 되어 가정을 이루면 가정폭력의 주범이 되는 악순환을 낳는다.

폭력은 대물림된다

민성이는 평소 성격이 불같고 화를 잘 내서 욱하는 마음이 들면 벽을 치고 물건을 던지는 등 공격적인 성향을 보였다. 학교에서도 급우들과 갈등이 생기면 주먹이 먼저 나갔고, 이로 인해 담임교사와도 마찰이 잦았다. 민성이 부모는 어릴 때는 내성적이고 순했던 아들이 왜 이렇게 변했는지 모르겠다고 했다.

엄마는 자신보다 덩치가 커진 아들을 통제할 힘이 없었고, 아빠는 아들의 폭력을 폭력으로 제압하려다 보니 집안은 하루도 조용할 날이 없었다. 물리적인 폭력에 힘으로 대항하는 아들을 더는 제압할 수 없었던 아빠는 결국 경찰을 부를 수밖에 없었다. 다음 날 민성이는 분노 가득한 눈빛과 굳은 얼굴로 상담실에 들어왔다.

"저는 아빠가 너무 싫어요. 부모가 돼서 자식을 경찰에 신고한다는 게 말이 돼요? 저한테 맨날 화풀이하고 '나가 죽어라'는 소리를 입에 달고 사는 아빠와는 더는 같이 살고 싶지 않아요."

민성이가 초등학교 5학년 무렵이었던 어느 날 술에 취해 들어온 아빠는 스마트폰을 보고 있던 민성이의 머리를 다짜고짜 때리면서 "허구한 날 게임만 하는 놈이 커서 뭐가 되겠어!"라며 소리를 질렀다. 갑작스러운 상황에 당황한 민성이가 아빠를 쳐다봤더니 "어디서 눈 똑바로 뜨고 쳐다봐. 오늘 너 죽고 나 죽자!"고 하면서 민성이를 때리기 시작했다.

당시 민성이는 너무 두렵고 무서워서 한동안 악몽까지 꿨다고 했다. 이후에도 민성이 아빠는 아들을 감정적으로 대했고, 민성이의 내면에 분노가 자라나기 시작했다. 그리고 신체적으로 아빠에게 대적할 수 있을 만큼 커지자 가슴속 분노가 폭발했다.

인간의 유전자에는 생존을 위한 공격성이 내재되어 있다. 아무리 얌전한 사람이라도 어느 순간 공격적으로 변할 수 있다. 다만 교육을 통해 공격성을 조절하고 다듬어가는 것이다.

부모가 흔히 저지르기 쉬운 실수 중 하나가 아이가 폭력성을 보일 경우 똑같이 폭력을 쓰는 것이다. 아이가 어릴 때는 매를 들고 체벌을 하면 효과가 좋은 듯하다. 그러나 아이가 사춘기에 접어들고 물리적인 힘이 생기면 부모의 매를 일방적으로 맞고만 있지 않는다. 아이 안에도 자신을 보호하기 위한 생존본능인 공격성이 내재되어 있기 때문이다. 폭력으로 제압당해본 아이는 강한 자가 약한 자를 때려도 된다고 인식하고 이후에 자기보다 약한 대상에게 분노를 표출하며 스트레스를 풀게 된다.

이렇게 아이에게 돌이킬 수 없는 상처를 주었음에도 민성이 아빠는 정작 그 일을 기억하지도 못했다. 민성이 아빠는 폭력을 일상으로 행사하는 가부장적인 아버지 밑에서 자랐기 때문에 아들에게 매를 드는 것을 예사로 여겼다. 그래서 아들 가슴에 지울 수 없는 멍을 남겼다는 사실조차 눈치채지 못하고 있었다.

대부분 부모는 부모가 자신을 키웠던 방식으로 자녀를 키우게 된다. 체벌을 당하고 자란 부모는 폭력의 대물림이라는 악순환을 반복하면서 아이들을 희생양으로 만든다. 아이 때문이라고 생각했던 분노가 사실은 자신이 갖고 있던 문제, 내 부모와의 사이에서 해결되지 않은 마음속 분노에서 비롯된 것임에도 책임을 아이 탓으로 돌린다. 그러면 희생양이 된 아이는 불행한 삶을 살게 된다. 한 세대의 불행이 다음 세대까지 이어지는 것이다. 그래서 부모는 과거의 경험이 현재 자신에게 어떤 영향을 미치고 있는가를 성찰해보아야 한다.

"선생님, 저는 아빠처럼 살지 않겠어요. 절대 가족을 때리거나 괴롭히지 않을 거예요."

학대받고 자란 아이들의 호소다. 하지만 이 아이들은 자신도 모르는 사이에 자신과 부모를 동일시하게 된다. 곤란한 일에 처하면 자신을 보호하는 방어기제로 폭력성을 사용한다. 그렇게 미워하고 증오한 아빠의 특성을 그대로 물려받는다.

욱하는 마음에 손부터 올라간다면

욱하는 마음에 손부터 올라가는 부모라면 먼저 자신의 감정부터 정리해야 한다. 거친 말을 하거나 폭력적인 행동을 하면 아이도 당황하고 후회한다. 그런데 부모가 곧장 폭력으로 대응하거나 감정적으로 꾸짖으면 아이는 잘못된 행동임을 인식하면서도 곧바로 방어태세로 들어가게 된다. 따라서 이럴 때는 잠시 침묵의 시간을 가진 후 대화를 시도하는 것이 바람직하다. 아이가 자신의 행동과 말에 대해 생각하고 수습할 시간을 주는 것이다. 뜨거워진 압력솥의 뚜껑을 억지로 열면 압력솥은 폭발한다. 충분히 시간을 갖고 수증기를 빼주면 안전하고 수월하게 뚜껑을 열 수 있다.

매 맞는 아이들은 자아상이 부정적이다. 부모가 자식에게 폭력을 가하는 것은 '너는 맞아야 정신을 차리는 가치 없는 인간이야'라는 비난의 싹을 틔우는 것과 마찬가지이기 때문이다. 자신을 소중하게 여기지 않는 아이는 쉽게 음주나 흡연에 빠지고 우울이나 불안으로 자아 통제력을 상실해서 자살을 시도하기도 한다. 낮은 자존감은 대인관계에도 부정적인 영향을 미치고, 대상이 불분명한 공포와 분노를 유발해 삶의 질을 떨어뜨린다.

또 세상과 타인에 대한 신뢰가 없다. 우리는 부모와의 관계를 기초로 남들이 우리를 어떻게 생각하느냐를 예측한다. 부모에게서 정서적으로 안정감을 느끼고 감정을 존중받고 자란 아이는 남들도 자신을 그런 방법으로 대해줄 거라는 기본적인 믿음이 있다. 하지만 그렇지 못할 경우 세상과 타인을 불신하게 되고 신뢰를 회복하기까지 긴 시간이 걸린다.

어릴 때 정서적으로 학대당한 경험이 있는 사람들은 작은 일에도 쉽게 흥분하고 감정조절을 못 한다. 정서적으로 받아들이기 어려운 충격적인 경험을 하면 지속적인 스트레스 때문에 감정조절을 담당하는 뇌의 편도핵이 손상되기 때문이다. 언어적, 신체적, 정서적 폭력을 자주 경험한 아이들은 만성 스트레스 상황에 놓이게 된다. 이런 아이들은 인지능력과 공감능력 등 모든 면에서 발달이 더디다. 직접적 상처 외에도 스트레스로 인한 위염, 두통, 소화장애 등으로 치료가 필요하기도 하다.

폭력을 방관하는 부모가 더 위험하다

아이에게 직접 폭력을 행사하는 것은 아니지만, 폭력을 당하고 있을 때 도와주지 않고 방관하는 부모도 자녀에게 부정적인 영향을 미친다. 초등학교 6학년인 기영이는 아빠에게 맞고 있을 때 자신을 보호해주지 못한 엄마에 대해 이렇게 말했다.

"엄마도 힘드셨을 거예요. 제가 아빠 말을 좀 더 잘 들었어야 했는데……."

아이는 체벌로부터 자신을 막아주지 못한 부모에게 왜 이토록 관대한 걸까? 그것은 부모 모두를 자격 없는 부모로 만들고 싶지 않은 무의식적인 심리 탓이다. 어느 한쪽이라도 괜찮은 부모, 나를 편들어주는 부모로 남겨두어야 덜 비참하기 때문이다.

매를 드는 것을 방관하는 부모들은 어떤 사람들일까? 상대 배우자에 대한 공포심이나 의존심 때문에, 또는 가정의 평화를 지킨다는 명목하에 폭력을 방관한다. 그러다가 가끔은 아이에게 다가가 위로 아닌 위로를 한다.

"네가 이해해라. 네가 미워서 그러시겠니? 조금만 더 노력해봐." 그러나 이것은 위로가 아니다. '너는 문제가 많아서 맞아도 마땅한 아이'라는 인식만 심어놓는 꼴이다. 나를 이토록 힘들게 하는 사람은 아무 문제가 없고 오직 나만 문제가 있다는 말은 자기혐오로 가는 지름길이다. 폭력을 방관하는 부모도 때리는 부모와 마찬가지로 폭력을 행사하는 것과 다름없다.

강압과 폭력으로 아이를 통제하면 언젠가는 터지게 마련이다. 폭력은 아이들에게 여러 가지 후유증을 남기지만 인간의 기본적인 자유의지를 꺾어버린다는 점에서 가장 심각하다. 불행한 가족사를 재현하는 우를 범하지 않도록 부모라면 자신을 성찰하는 작업을 당장 시작해야 한다.

왕따 시키는 아이, 왕따 당하는 아이

아이들에게 따돌림은 최악의 사회적 경험이다. 따돌림을 받은 적이 있는 아이는 또래관계 시 위축되어 지나치게 친구의 비위를 맞추거나 다시는 그런 일을 당하고 싶지 않은 마음에 다른 아이를 따돌리는 일에 앞장서기도 한다. 이처럼 왕따는 가해자와 피해자 모두의 사회성 발달을 저해하고 마음을 황폐하게 하는 주범이다.

그런데 반에서 한두 명 정도는 왕따를 당하고 있다고 하니, 내 아이라고 예외일 수 없다. 또 내 아이가 간접적으로 따돌림에 동참하고 있을 가능성도 있다. 십대 아이들의 강력한 욕구 중 하나가 바로 '소속의 욕구'다. 아이들은 또래 속에서 즐거움을 추구하고 인정욕구를 채운다. 아이들에게 또래란 값으로 매길 수 없을 만큼 중요한 존재이다. 청소년기의 또래관계는 정체감과 자존감 형성에 중추적인 역할을 한다. 그래서 아이들은 어떤 집단에든지 속하려고 하고, 만약 집단에서 소외되면 매우 힘들어한다.

초등 4학년, 벌써 왕따가 시작된다

수미 엄마는 담임교사에게 걸려온 전화를 받고 심장이 뛰어서 진정하기가 힘들었다. 수미가 친구 몇 명과 함께 한 아이를 지속적으로 따돌리고 괴롭혔다는 이야기를 듣고 난 직후였다. 피해자인 영은이는 성격이 쾌활하고 적극적이어서 선생님들의 사랑을 받는 아이였다. 평소 영은이의 튀는 행동을 눈엣가시처럼 여겼던 수미와 몇몇 아이들은 영은이를 보면 비웃으며 놀렸고 모둠활동에서도 의도적으로 따돌리는 등 영은이를 힘들게 했다.

왕따는 보통 한 명의 주도자와 몇몇 적극적 동조자가 있고 나머지는 대개 방관자 입장의 아이들이다. 왕따를 주도하는 아이들은 지배성향이 강하고 왜곡된 자존심을 가진 경우가 많다. 이런 아이들은 다른 사람을 지배하고 조종하는 방식으로 만족감을 느낀다.

기질적인 문제 외에도 부모의 양육방식 또한 아이의 성격형성에 큰 영향을 미친다. 연구결과에 따르면 왕따 가해자의 70%가량이 어렸을 때 부모와의 관계가 안정적이지 못했다고 한다. 즉 부모가 사랑과 관심 없이 방임했거나 반대로 지나치게 엄격한 통제방식으로 훈육한 경우다. 이 아이들은 피해 아이를 따돌리고 심부름꾼으로 부리면서 지배감을 느끼는 동시에, 다른 아이들이 자신에게 동조하거나 자신을 무서워하는 모습을 보며 쾌감을 느낀다. 집단에서 주류로 인정받고 싶은 마음에 왕따에 가담하는 아이들이다. 그 외 대부분 아이는 단순히 군중심리로 동참하거나 따돌림당하는 아이와 놀면 같은 취급을 받을까 봐 두려워 선뜻 손을 내밀지 못하고 방관자로 남게 된다.

아이들이 왕따에 쉽게 동조하는 이유는 왕따시키는 것이 그리 큰 잘못이라는 인식이 없기 때문이다. 또, 유독 청소년기의 왕따 피해가 심각한 이유는 청소년기에는 친구들의 영향력이 절대적으로 커서 쉽게 집단의 행동에 휩쓸리기 때문이다.

1950년 사회심리학자 솔로몬 애쉬(Solomon Asch)가 진행한 간단한 실험은 집단적인 강요가 건전한 인간의 사고능력을 얼마나 왜곡시키는지 보여준다. 애쉬는 길이가 다른 여러 가지 끈을 준비하여 실험에 참가한 사람들에게 보여주었다. 실험 참가자들은 애쉬가 보여주는 끈을 기준 끈과 비교하여 더 길면 '길다', 동일하면 '같다', 더 짧으면 '짧다'고 진술하면 됐다. 피험자들이 한 사람씩 방 안에 들어가 실험에 참여했고, 이들은 모두 아주 쉽게 올바르게 끈의 길이를 진술했다.

두 번째 실험에서는 피험자가 다른 일곱 사람과 함께 방 안으로 들어갔다. 일곱 명은 모두 피험자를 속이기 위해 투입된 연기자들이었고, 계획한 대로 틀린 답을 말하도록 훈련된 사람들이었다. 다른 사람들의 틀린 답을 들으며 당황스러워하던 피험자는 자신이 대답할 차례가 되었을 때 집단의 결정대로 틀린 답을 선택했다. 애쉬의 실험 결과 이렇게 틀린 답으로 진술한 비율이 30%에 달했다고 한다. 이 실험결과는 개인이 자신의 도덕적인 기준이나 양심 대신 얼마나 집단의 행동양식에 잘 따르는지를 보여준다.

왕따를 당하는 아이뿐만 아니라 왕따를 주동하는 아이들에게도 관심을 가지고 도움의 손길을 주어야 한다. 이 아이들의 경우 자기조절 능력이 부족한 경우가 많다. 자기조절 능력이 갖춰줘야 사회성이 건전하게 뿌리 내려서 갈등 상황에서도 슬기롭게 문제를 해결해나갈 수 있다. 옳고 그름에 대한 도덕적 판단 없이 맹목적으로 행동하는 것은 분명 문제가 있다. 내 아이가 '왕따'가 아니라고 안심할 것이 아니라 '왕따를 시키는 아이'가 될 수도 있음을 간과해서는 안 된다. 중요한 것은 그다음이다. 아이가 문제행동을 계속할지 아니면 잠시 방황하다가 곧 제자리로 돌아올지는 부모에게 달려 있다.

학교폭력 문제로 가해학생의 부모를 상담해보면 반응은 두 가지로 나뉜다. 우리 애는 그럴 애가 아니라면서 어떻게든 피해자의 잘못을 찾아내서 자녀의 행동을 정당화시키려는 부모가 첫 번째 경우이고, 피해 아이의 마음에 준 상처에 대해 진심으로 사과하는 부모가 두 번째 경우이다. 첫 번째 부모의 자녀는 십중팔구 같은 사고를 또 저지르게 된다. 반성하고 실수를 통해 배우는 대신 부모를 보며 교묘하게 자신의 행동을 합리화해서 빠져나오는 방법만 배웠기 때문이다.

가해학생은 반드시 자신이 무엇을 잘못했는지 인식해야 하고 자기가 한 행동에 책임을 져야 한다는 것을 깨달아야 한다. 자신이 일으킨 문제에 대해 진심으로 사과하고 이와 동시에 다시 좋은 사람이 될 수 있다는 사실을 깨닫는 과정을 겪어야 한다. 이때 부모가 아이의 치유 과정에서 중요한 역할을 해야 한다. 상대방 입장에서 피해자의 아픔에 진심으로 공감하고 사과하면, 자녀도 자신을 돌아보게 되고 상대를 배려하는 마음도 기르게 된다.

왕따의 충격과 상처에서 벗어나기

초등학생 때부터 지속적으로 따돌림을 당했던 영호는 상담실에서조차 쉽게 말을 꺼내지 못했다. 한참 후에야 눈물을 흘리며 고통스러웠던 지난 시간을 이야기하기 시작했다.

"저는 지금까지 계속 왕따를 당해왔어요. 이렇게 당하면서까지 살아야 하나 싶은 생각에 죽을까 생각하기도 했어요."

"어른들께 도움은 요청해봤니?"

"선생님께 얘기는 해봤지만, 상황이 나아지지 않았어요. 부모님은 저를 바보 취급하면서 오히려 화를 냈어요."

자녀가 왕따를 당했다는 것을 알게 되면 부모들은 대개 큰 충격을 받는다. 그렇다고 가해학생들을 지나치게 몰아붙여서도 안 되겠지만, 아이들 일에 부모가 개입해서는 안 된다고 생각하거나 시간이 지나면 저절로 해결될 일이라고 생각해서도 안 된다. 자녀가 따돌림을 당하고 있다는 걸 알게 된 순간 부모는 바로 적극적으로 개입해야 한다.

너무 속상한 나머지 "네가 그러니까 왕따를 당하는 거야"라는 식으로 아이를 비난한다면 아이는 가정에서도 설 자리가 없어진다. 비록 아이가 못마땅하게 느껴지더라도 수용적인 태도로 자녀의 아픔을 감싸 안아야 한다. 이 아픔을 털어내고 반드시 좋은 친구를 사귈 수 있다는 희망을 주어야 한다. 인생을 살다 보면 고통스러운 경험을 하게 마련이지만 반드시 치유되고 해결될 수 있다는 믿음을 심어주는 것이다.

그 후 영호는 그동안 받은 정신적 충격과 상처를 치유하기 위해 심리상담을 시작했다. 조금씩 자신감을 회복하기 시작한 아이는 점차 표정이 밝아졌고 학교생활에도 적응하기 시작했다. 담임교사의 배려로 새로운 친구를 사귀게 된 아이의 상처는 더디지만 조금씩 아물어갔다.

왕따를 당할 만한 사람은 없다. 그런데 왕따를 당하는 아이들을 살펴보면 몇 가지 공통된 특성이 있다. 자신감이 부족한 아이, 자존감이 낮은 아이는 쉽게 왕따의 대상이 된다. 이 아이들은 위축되어 있고 자아상이 부정적이어서 '내가 못나서 왕따를 당한다'고 생각한다. 타고난 기질적인 면도 있지만, 이런 특성은 가정환경에서 비롯되거나 왕따를 당하면서 강화된다. 반대로 너무 잘난 체해서 왕따 당하는 경우도 있다. 이 외에도 눈치가 없거나 상대방의 의도나 마음을 읽는 능력이 부족해 또래와 정서적 차이가 나면 왕따의 대상이 되기도 한다. 이런 아이들은 친구를 사귀고 싶지만 잘되지 않아 답답해하고 스트레스를 받는다.

어떤 이유로 왕따를 당하게 되었건, 중요한 것은 아이의 자존감을 회복시켜주는 일이다. 야단칠 때 야단치더라도 "그럼에도 넌 엄마와 아빠의 하나뿐인 소중한 아들 딸이고, 너만의 장점과 가치를 가진 귀한 존재야"라는 말로 아이의 정서적 회복을 도와야 한다.

왕따 문제에 대처하는 방법

미셸 보르바(Michele Borba) 박사는 《부모가 변화시킬 수 있다》라는 책에서 아이들이 놀리고 괴롭히는 행동에 대처하는 방법을 다음과 같이 제시했다.

첫째, 괴롭히는 아이의 특성을 잘 파악한다. 친구를 괴롭히는 아이들은 자신의 힘을 증명받고 싶은 심리가 있다. 따라서 괴롭힘을 당할 때 격렬하게 반응하는 것은 이런 욕구를 충족시켜주는 결과를 낳아 더욱 과격한 행동을 하도록 부추길 수 있다.

둘째, 무시한다. 물론 상대가 괴롭히는데도 무시하는 것이 쉬운 일은 아니다. 하지만 여러 가지 전략을 가지고 연습하면 실전에서 강한 힘을 발휘할 수 있다.

셋째, 허를 찌르는 말대답으로 응수한다. 평소에 어떤 말을 할지 부모와 함께 상의해서 연습한 다음, 상대방의 눈을 바라보고 똑 부러지게 말한 다음 그 자리를 뜨는 것이 좋다. 그러나 몸싸움이 있거나 심각한 위협이 있는 상황에서는 적절치 못할 수 있으므로 주의해야 한다.

'인간은 사회적 동물이다'는 말은 인간은 서로 의지하고 소통하면서 관계 속에서 힘을 얻고 재충전의 기회를 얻는다는 의미이다. 하지만 안타깝게도 현실 관계 속에서는 서로 상처와 고통을 주고받는 경우가 많다. 이런 기억은 아이를 평생 따라다니며 아프게 한다.

몸이 다치면 바로 치료를 하지만 마음이 다치면 그냥 내버려두는 경우가 많다. 시간이 지나면 괜찮아질 거라고 생각하지만, 마음의 상처도 제때 치료하지 않으면 곪아서 더 큰 상처가 된다. 따돌림으로 인한 상처가 가슴에 깊이 새겨지면 아예 사람들에게 다가가기를 꺼리게 된다.

가정은 폭력으로부터 아이를 지키는 강력한 보호막이다. 만약 아이가 왕따를 당하고 있다면, 혹은 왕따의 주동자라면 부모가 빠르게 대응해야 한다. 아이가 어떤 상황에 처해 있는지 알기 위해서 부모는 개방적인 태도로 자녀와 솔직하게 대화를 나눌 수 있어야 한다. 그래야 아이가 학교에서 어떻게 생활하고 있는지 제대로 알 수 있다. 가정에서 이루어지는 개방적인 대화야말로 아이를 보호하는 가장 좋은 수단이 될 것이다.

전 별 볼 일 없는
사람이에요

사람은 누구나 인정받고 사랑받고 싶은 욕구가 있다. 십대는 더더욱 그렇다. 부모가 높은 목표를 세워놓고 아이를 몰아붙이면 번번이 부모의 기대에 부응하지 못한 아이는 점차 자신감을 잃게 된다. 자신감이 없는 아이는 자아상도 부정적이다. '난 별 볼 일 없는 아이야', '나는 무가치한 인간이야'라고 스스로를 비하한다.

나의 어머니는 매사에 일 처리가 완벽한 선생님이었다. 그러다 보니 자식들의 사소한 실수도 그냥 보아 넘기지 못하고 지적해 반드시 고치도록 했다. 기질이 순하고 부드러웠던 나는 주관이 뚜렷하고 기준이 높은 엄마의 기대에 부응하느라 힘겨운 어린 시절을 보내야 했다.

어느 날 숙제를 하고 있는데 엄마가 나를 보시더니 "으이구, 그것도 하나 빨리빨리 계산 못 해"라고 윽박질렀다. 순간 온몸이 얼어붙었고 더는 두뇌회전이 되지 않았다. 엄마의 비난에 위축된 나는 점점 더 시간을 끌게 되었고, 답답해진 엄마는 목소리를 한층 높였다. "답은 10이잖아. 이렇게 쉬운 문제도 빨리빨리 못 풀면 나중에 어려운 문제는 어떻게 하려고 그러니? 될성부른 나무는 떡잎부터 안다는데. 쯧쯧." 답답한 마음을 참지 못했던 엄마는 결국 답을 가르쳐주셨고, 나는 엄마가 풀어준 답을 그대로 받아 적어넣었다.

나는 늘 내 생각보다는 엄마의 눈치를 보며 행동했다. 엄마는 항상 강하게 자기 주장을 얘기했고, 어차피 얘기해도 받아들여지지 않을 것을 알기에 점점 더 내 생각을 표현할 기회를 갖지 못했다. 그러다 보니 내가 진정으로 원하는 것이 무엇인지 알지 못했고 삶의 주인이 되지 못한 채 수동적인 삶을 살아야 했다. 결과는 참담했다. 그 길고 어두운 터널에서 빠져나오기까지 참 많은 시간이 걸렸다.

현서는 매사에 소극적이고 친구들과도 쉽게 어울리지 못했다. 과제를 주면 자신 없어 하면서 미리 포기하는 등 자존감이 낮은 아이였다. 현서 엄마의 말에 따르면 현서는 어릴 때부터 별로 보채는 일이 없어서 순한 아이라는 소리를 많이 들었다고 한다. 사고 한 번 친 적 없는 키우기 편한 '순한' 아이였다.

현서 엄마의 양육태도를 점검해보니 엄마가 현서의 일상을 모두 관장하고 있었다. 초등학교 고학년인 현서의 머리도 직접 빗겨주었고, 방을 치워주고 입을 옷까지 미리 챙겨주었으며, 해야 할 일도 일러주었다. 현서는 하고 싶은 일이 있어도 '엄마가 어떻게 생각할까'를 떠올리면

선뜻 나서서 할 수 없었다.

부모가 지나치게 간섭하고 부모가 원하는 행동을 했을 때만 긍정적인 반응을 보여줄 경우 아이는 자신이 원하는 것보다 부모가 원하는 것을 우선순위에 두게 된다. 그리고 자신의 본성을 숨긴 착한 아이, 순한 아이가 된다. 이런 착한 아이의 내면에는 진정한 '나'가 없다. 내가 무엇을 원하고 어떻게 느끼느냐보다는 부모가 원하는 것에 따라 행동하기 때문이다.

심리적으로 건강한 아이가 되려면

큰아이는 어렸을 때 갖고 싶은 물건이나 먹고 싶은 것이 있어도 명확하게 의사를 표현하지 않고 둘러대서 말하곤 했다. 아이가 대여섯 살 정도였던 어느 날 자판기 앞에 서서 덥다는 말을 계속했다. 처음에는 더운가 보다 했는데 계속 같은 말을 반복하자 나는 짜증이 났다. "그럼 옷을 하나 더 벗어!"

당시 민감하지 못한 초보 엄마였던 나는 아이의 속마음을 읽지 못했고 별로 덥지도 않은데 자꾸 덥다고 하는 아이가 못마땅했다. 사실 아이는 시원한 음료수가 먹고 싶었지만 내 눈치를 보느라 솔직하게 마음을 표현하지 못한 것이었다. 나는 내 생각대로 아이를 통제하려 했고 의사를 표현할 기회를 주지 않은 채 아이의 소극적인 태도만 탓했다. 그때까지도 양육방식의 잘못을 깨닫지 못했던 나는 늘 큰아이의 행동이 답답했고, 이런 마음은 고스란히 전달되어 아이는 더욱더 내 눈치를 보며 움츠러들었다. 나는 친정엄마와 기질이 많이 달랐음에도 어느새 엄마의 양육방식을 그대로 답습하고 있었던 것이다.

지나치게 남의 눈치를 보게 되면 스스로 욕구를 억압하게 된다. 억눌린 욕구는 사라지는 것이 아니라 사춘기가 되면 엉뚱한 방향으로 튀어나온다. 겉으로는 위축되어 보이지만 내면에는 적개심으로 누적되어 있다가 한계치에 다다르면 그동안 숨어 있던 분노가 활화산처럼 폭발한다.

초등학교 5학년인 기태는 친구들과 놀이터에서 그네를 타다가 자기를 무시했다고 친구의 목을 조르고 때렸다. 기태는 전학 온 지 1년이 지났지만 친구들과 어울리지 못하고 학교 가는 것이 힘들다고 입버릇처럼 말했다. 친구들의 사소한 말에도 쉽게 흥분했으며, 협력이 필요한 모둠활동에서 서툴러 포기하는 일이 잦았다. 집안의 장손이자 맏이였던 기태는 집에서는 부모의 기대에 부응하고자 자신의 욕구를 억압하고 애어른처럼 행동했다. '착한 아들' 역할을 하느라 힘들었던 기태는 엉뚱한 곳에서 스트레스를 풀었던 것이다.

심리적으로 건강하다는 것은 자신이 원하는 것이 무엇이고, 자신의 생각과 감정이 어떤지 정확하게 인식할 수 있는 상태를 의미한다. 심리적으로 건강한 사람이 되기 위한 첫 단추는 부모가 끼워주어야 한다. 인간이라면 누구나 부정적인 감정과 긍정적인 감정을 모두 가지고 있다. 부정적인 감정이라도 억압하지 말고 아이가 적절한 방법으로 표현할 수 있도록 도와주어야 한다. 자신이 나쁜 아이라는 생각을 하지 않도록 수치심이 들지 않는 방식으로 감정을 표현할 수 있도록 해주어야 한다. 이 과정이 잘 진행되면 아이는 욕구에 충실하면서도 사회적으로 바람직한 방법으로 자신을 표현할 줄 알게 된다.

아이가 소극적이어서 걱정이라면

상담실을 찾는 부모 중에 아이가 너무 소극적이고 내성적이어서 걱정이라는 부모들이 있다. 부모가 보기에 내성적인 아이들은 크게 두 가지 유형으로 나눌 수 있다.

첫째, 태어날 때부터 기질적으로 조용하고 적극적이지 않은 아이들이다. 이런 아이들은 에너지가 외부보다는 내부로 향하는 아이들로, 조용히 주변을 관찰하고 자신을 성찰하여 소심한 듯 보여도 적응에 별문제가 없는 아이들이다.

둘째, 환경적인 요인에 의해 위축되어 자신을 잘 드러내지 못하는 아이들이다. 이 경우 지나치게 엄격하거나 기대치가 높은 부모 밑에서 자란 아이들이다. 부모의 기대가 높다 보니 사소한 실수에도 잔소리를 듣고 야단을 맞다 보니 위축되어 남의 눈치를 보게 되고 매사에 소극적인 아이가 되었다.

기질적으로 내향적인 성향이 강한 나는 유달리 수줍음이 많아서 낯선 사람이나 장소를 두려워했다. 어릴 때 명절이 되면 집안어른들이 오시곤 했는데, 그때마다 노래를 시키는 통에 쥐구멍이라도 있으면 들어가고 싶었다. 게다가 노래를 부르지 않으면 "어이구, 부끄럼이 그렇게 많아서 어떻게 하려고 그러니?"라며 핀잔을 듣기 일쑤였다. 수줍음 타는 것을 '열등한 것, 고쳐야 할 성격'으로 치부하는 어른들의 태도 때문에 나는 자존감에 큰 상처를 입었다.

성공하려면 적극적이고 외향적이어야 한다는 어른들의 편견이 아이들을 더욱 움츠러들게 한다. 그러나 이제 사람들은 안다. 내향적이든 외향적이든 개인의 차이일 뿐, 성공을 결정짓는 잣대가 될 수 없다는 것을 말이다. 창조적인 리더십으로 조직을 이끈 애플의 스티브 잡스와 빌 게이츠는 내향적인 성향의 리더들이다. 그런데 아직도 내향적인 성격을 적극적으로 바꾸기 위해 아이를 스피치 학원이나 해병대 캠프 같은 곳에 강제로 보내는 부모가 있다. 성격은 단 며칠의 훈련으로 바뀌는 것이 아니다. 오히려 기질을 있는 그대로 인정해주고 수용해줄 때 기질을 뛰어넘어서 안정적인 성격을 형성할 수 있다.

부모들은 좀 더 적극적이고 활달한 아이로 자랐으면 하고 바라겠지만 내성적인 아이들도 있는 그대로 인정해주어야 한다. 기질을 인정받고 존중받은 아이는 세심하고 사려 깊으며 신중한 성격으로 성장한다. 부모는 아이의 모습을 있는 그대로 인정하고 사랑해주어야 하며 다른 아이와 구분되는 특별한 점을 찾아내어 진심으로 칭찬해주고 지지해주어야 한다. 자신감을 잃은 아이는 낮은 목표부터 시작해서 차근차근 성취감을 느낄 수 있도록 지도해야 한다. 성공 경험이 쌓이면 자신감을 가지게 되고, 자신이 쓸모 있는 존재라는 확인을 받을 때마다 아이의 자신감은 크게 자라난다.

좋은 부모가 된다는 것은 진정한 나를 찾아가는 과정이 아닐까 싶다. 제대로 된 어른이 되고, 제대로 된 한 사람이 되라고 신은 우리에게 자식이라는 '애물단지'를 준 것인지도 모른다. 스스로 자신을 돌아보며 너무 엄격하지는 않은지, 기대치가 지나치게 높은 것은 아닌지, 잔소리가 심한 건 아닌지, 아이를 감정적으로 대하는 것은 아닌지 생각하고 반성하는 시간을 가져보자.

나도 사랑받고 싶어요

"갓난아기를 엄마에게서 떼어내면 제대로 발달할 수 있을까?" 이런 가정에서 시작된 실험이 있다. 새끼 원숭이를 강제로 어미 원숭이에게서 떼어내 따로 자라게 해보았다. 영양은 충분히 섭취하게 했지만 어미의 사랑은 받을 수 없었다. 걱정과 달리 새끼 원숭이는 무럭무럭 자랐다. 하지만 두뇌를 촬영해보니 새끼 원숭이의 두뇌는 바짝 쪼그라들어 있었고, 지능도 또래와 비교하면 크게 떨어졌다.

이번에는 다른 새끼 원숭이들을 어미로부터 떼어낸 뒤 우리에 가짜 어미 두 마리를 넣어주었다. 하나는 헝겊으로 만든 가짜 어미였고, 다른 하나는 철사로 만든 가짜 어미였다. 헝겊 어미에게서는 젖이 나오지 않았지만 촉감이 부드러워 진짜 어미 같은 따스함을 느낄 수 있었다. 반면 철사로 만든 어미에게서는 젖이 나왔다. 다시 말해 새끼 원숭이가 사랑을 선택하는지, 먹이를 선택하는지 살펴본 것이다.

학자들은 먹이를 선택할 것이라고 추측했다. 하지만 예측은 빗나갔다. 새끼들은 헝겊 어미에게 매달리고, 작은 손으로 얼굴을 만지고, 배와 등 위에서 몇 시간씩 보냈다. 하지만 천 어미에게는 먹이가 없었기 때문에 배가 고플 때마다 젖이 달린 철사 어미에게 달려가 허기를 채웠고, 그러고 나면 다시 말랑말랑한 헝겊 어미에게 달려갔다.

실험자는 새끼 원숭이들이 젖을 주는 어미와 안아주는 어미 사이에서 보내는 시간을 그래프로 그려보았다. 결과는 놀라웠다. 이 실험을 통해 사랑은 먹이가 아닌 스킨십으로 자란다는 것이 입증되었다. 젖이 나오지 않아도 새끼는 예전과 다름없이 어미를 사랑했으며 그 사랑을 기억해두었다가 겉으로 표현했다. 결국, 모든 상호작용은 초기에 형성되는 감촉의 재현이자 복습이었다.

실험자는 "그러므로 인간이 우유만으로 살 수 없는 것은 당연하다"고 기록했다. 어미의 사랑을 받지 못하고 자란 새끼 원숭이들은 커서 어떻게 되었을까? 수컷들은 난폭하고 잔인했으며 외톨이가 되었다. 암컷들은 어미가 돼도 자신이 낳은 새끼들을 돌보지 않았다. 심지어 때리거나 무시했다. 모성애는 유전적으로 저절로 생겨나는 게 아니라 사랑으로 형성되는 것이라는 사실이 드러났다. 또 수컷이든 암컷이든 부모의 사랑이 결핍된 원숭이들의 뇌는 작고 지능도 낮았다. 사랑이 부족하면 지능 발달도 지연된다는 사실을 의미한다. 미국의 심리학자 해리 할로 (Harry Harlow)의 유명한 실험이다.

나를 받아주는 단 한 사람

상담하다 보면 엄마들은 "아이를 정말 사랑하고, 내가 해줄 수 있는 것은 다 해줬다"고 말한다. 그런데 아이의 말을 들어보면 전혀 다르다. "엄마가 저를 사랑한다구요? 진짜 웃기네요"라고 비아냥거린다. 부모의 사랑이 아이에게 전혀 전해지지 않았다는 얘기다. 도대체 뭐가 잘못된 것일까?

자식을 사랑하지 않는 부모는 없다. 문제는 표현방법이다. 사랑을 가슴에 담고만 있으면 아이는 느낄 수 없다. 적절한 표현을 통해 마음을 나타내야 아이들은 사랑의 온기를 온몸으로 느끼게 된다. 행복한 아이로 키우는 지름길은 특별한 게 아니다. 조건 없이 사랑해주고 진정으로 아이를 이해하고 받아주면 된다. 아이들의 영혼에 사랑이라는 아름다운 씨앗을 뿌려주면 이 씨앗은 열매를 맺어 아이의 삶을 풍요롭게 채운다.

학교에서 많은 아이를 만날 때면 드는 의문이 있었다. 똑같은 불행 속에서도 밝게 자란 아이와 그렇지 못한 아이가 생기는 이유는 무엇일까? 정상적으로 잘 자란 아이들에게는 공통점이 있었다. 이들에게는 자신을 이해해주고 받아주는 어른이 적어도 한 명은 있었다. 그 대상이 할머니든, 할아버지든, 삼촌이든, 이모든 상관없었다. 자신을 따뜻한 눈길로 지켜봐주고 조건 없는 사랑을 보내주는 딱 한 명만 있으면 되었다. 단 한 사람에게라도 사랑의 손길을 받고 자란 아이들은 환경이 비록 열악하더라도 건강하게 잘 자라서 학창시절을 성공적으로 마무리하는 경우가 대부분이었다. 반대로 상담실에서 만났던 부적응 학생들을 보면 사람의 손길을 주는 그런 단 한 명이 없었다. 그래서인지 그들은 누구에게도 온전히 사랑받지 못했다고 느끼는 경우가 많았다.

초등학교 4학년인 윤정이는 엄마의 관심과 사랑이 가장 많이 필요한 3~5세경에 엄마의 갑작스러운 취업으로 적절한 돌봄을 받지 못하고 자랐다. 일로 바빠진 엄마는 윤정이 양육을 남편에게 미룰 때가 많았고, 남편 역시 직장 때문에 윤정이에게 소홀할 때가 많았다. 윤정이 엄마는 윤정이보다 순한 아들을 편애했으며, 다섯 살 딸이 엄마와 같이 자고 싶다고 했을 때도 단호하게 자기 방으로 돌려보내며 엄마 품이 그리운 아이의 애정욕구를 채워주지 않았다.

윤정이는 학교에서 중상위권 정도의 성적을 유지했지만, 무리를 지어 약한 아이를 괴롭히고 심한 욕도 거침없이 했다. 선생님과 친구들의 관심을 과도하게 요구하고, 좌절될 경우 화를 내거나 울면서 상대방 탓만 하였다. 윤정이는 인지적으로는 큰 문제가 없었지만, 타인의 감정을 느끼고 공감하는 데 있어서는 아직 유아기에 머무르고 있었다.

부모의 이혼이나 죽음, 부부 갈등 등으로 어린 시절부터 사랑이 결핍된 환경에서 자란 아이들은 청소년기에 폭력이나 비행 등에 노출될 확률이 그렇지 않은 아이들보다 훨씬 높다. 형식이는 어린 시절 부모의 이혼 후 아빠와 살다가 아빠마저 직장 때문에 해외로 떠나자 청소년 보호위탁시설에 맡겨졌다. 상담실에서 만난 형식이는 돈이 필요하면 뺏으면 되고 재수가 없어서 들키면 감옥에 가면 그만이라고 했다. 감옥에 가도 밥은 먹여주니 문제 될 것은 없다는 식이었다. 잦은 외박으로 보호시설에서 언제 쫓겨날지 모르는 상황임에도 아이는 태연했다. 하루하루 마음 내키는 대로 살아가는 형식이 사전에 '내일'이라는 단어는 없었다. 형식이한테 단 한 사람이라도 진정으로 사랑을 주는 사람이 있었다면 상담실에서 이 아이를 만나는 일은 없었을지 모른다.

중학교 1학년인 미경이는 오빠만 편애하는 엄마에 대한 분노로 흡연과 가출 등의 문제를 일으키며 혼란스러운 사춘기를 보내고 있었다. "엄마도 싫고, 오빠도 미워요. 우리 집은 매사가 오빠를 중심으로 돌아가요. 저 같은 건 안중에도 없어요. 초등학교 6학년 때 배가 너무 아파서 조퇴하고 왔는데 엄마가 '너 공부하기 싫어서 또 꾀병 부렸지? 오빠 반만이라도 따라가면 얼마나 좋으니?'라고 말씀하셨을 때 너무 화가 났어요. '나란 존재가 우리 가족에게는 아무런 의미가 없구나'라는 생각이 들어서 방에서 엄청 울었어요. 그때 '엄마가 만날 나한테 말하는 대로 그대로 살아주자'라는 생각이 불현듯 들었어요. 그 후로 공부에서 아예 손을 놓고 친구들과 어울려 담배 피고 술 마시고 화가 나면 집을 나가 버리곤 했어요."

초등학교 5학년인 동원이는 이혼 후 엄마와 살다가 엄마가 재혼하게 되어 다시 아빠와 살게 되었다. 학교에서 동원이는 말이 없고 혼자서 지내는 시간이 많았다. "저는 사람을 믿지 못하겠어요. 친구도 필요 없어요. 어차피 세상은 혼자 사는 거 아닌가요?" 이혼과 재혼으로 부모에게 버림받았다고 느끼는 동원이는 세상과 타인에 대한 신뢰마저 거둬들이고 혼자만의 세계에 고립된 채 외로운 십대를 보내고 있었다.

부모에게서 들은 말 중에 가장 상처가 된 말이 뭐냐고 물으면 많은 아이가 '존재를 부정하는 말'이라고 답한다. 부모가 어떻게 그런 말을 할까 싶지만, "저런 게 왜 태어나가지고", "나가 죽어라", "내가 너를 낳고 미역국을 먹었으니, 쯧쯧" 등의 말을 서슴없이 하는 부모들이 있다. 이런 말을 듣고 자란 아이는 "어차피 난 해도 안 돼", "내가 그렇지 뭐"라며 자포자기하는 심정이 되어 자신을 소중히 여기지 않고 내일이 없는 듯 살아간다.

편애하는 부모, 상처받는 아이

초등학교 6학년인 현정과 4학년인 연정은 자매지간이다. 언니인 현정은 동생을 사사건건 괴롭히며 못살게 굴었다. 순하고 착한 연정은 친구들 사이에서뿐만 아니라 집에서도 귀여움을 독차지하는 예쁜 아이였다. 매사에 상냥하고 공손한 태도가 몸에 밴 연정이를 엄마는 대놓고 예뻐했다.

어렸을 때는 자매지간에 의가 좋은 편이었다. 하지만 현정이가 사춘기에 접어들 무렵부터 서서히 문제가 생기기 시작했다. 현정이가 이유 없이 동생을 괴롭히기 시작한 것이다. 별일 아닌 일에도 소리를 지르며 짜증을 내는가 하면, 동생이 자기 물건에 손이라도 대면 불호령이 떨어졌다. 연정은 언니가 올 시간이 되면 언니 방을 정리하느라 식은땀을 흘려야 할 정도였다.

엄마는 이런 현정의 태도가 못마땅해 야단도 치고, 급기야는 매를 들기에 이르렀다. 왜 죄 없는 동생을 그렇게 못살게 구느냐고 아무리 다그쳐도 현정이는 묵묵부답인 채 눈물만 뚝뚝 흘렸다.

현정이 엄마는 큰아이의 행동을 이해할 수 없었다. 연정이는 기질이 순하고 착해서 눈 밖에 나는 행동이라곤 전혀 하지 않는 아이인데, 하루가 멀다고 동생을 괴롭히는 현정이의 행동에 화가 났다. 늘 당하기만 하는 연정이가 애처로워 괴롭다고 했다.

형제간의 출생순위에 따른 성격형성을 연구한 심리학자 아들러(Alfred Adler)는 동생이 태어났을 때 느끼는 큰아이의 심리상태를 '폐위된 황제'에 비유했다. 동생이 태어났을 때 받는 큰아이의 스트레스 정도를 옥좌에서 내려온 폐위된 왕의 입장에 비유한 말이다. 둘째가 태어나면 엄마의 관심은 자연스럽게 둘째로 향한다. 여리고 연약한 생명에게 엄마의 손길은 생명줄과 다름없으므로 한시도 눈을 뗄 수 없기 때문이다. 이런 상황을 이해할 리 없는 큰아이는 한순간 멀어진 엄마의 관심을 끌기 위해 안 하던 짓을 하기 시작한다. 그때까지 잘 가리던 대소변을 갑자기 가리지 못해 엄마를 당황하게 하기도 한다. 바로 '퇴행'이다.

퇴행이란 현재의 심리적 욕구가 제대로 충족되지 않을 경우 만족스러웠던 옛날로 돌아가려는 심리상태를 의미한다. 큰아이에게 퇴행이 발생하는 것은 동생이 태어나기 전 충분한 사랑과 관심을 받던 유아기로 돌아가고픈 무의식적 욕구 때문이다. 이때 당황한 엄마가 야단을 치면 동생 때문에 사랑을 빼앗겼다고 느낀 아이는 엄마 몰래 동생을 꼬집거나 깨무는 등의 행동을 하기도 한다.

현정이 엄마도 어린 연정이에게 관심을 쏟느라 큰아이의 심리상태를 미처 살피지 못했다. 동생이 태어나니 큰아이가 갑자기 다 큰 아이처럼 느껴져서 서둘러 손길을 거둬버렸던 것이다. 현정은 엄마의 무관심 속에서 사랑받고자 하는 욕구가 좌절된 채로 사춘기를 맞았고, 그동안 가라앉아 있던 문제들이 수면으로 떠오른 것이었다.

둘째 아이가 태어나면 부모는 큰아이에게 '너는 다 컸으니 동생한테 양보해야지'라거나 '네가 형이니까 동생을 잘 돌봐줘야 한다'는 요구를 하는 경우가 많다. 그러나 사실 큰아이 역시 아직은 부모의 돌봄이 필요한 어린아이다. 이런 요구는 아이 입장에서는 부당하게 느껴져서 정서적으로 받아들이기 힘들다. 야단맞은 형은 부모가 없을 때 교묘하게 동생을 괴롭히고, 또 형에게 괴롭힘을 당한 동생은 형을 싫어하게 되어 형제 관계는 점점 더 멀어진다. 아무리 형제라도 틈이 한번 벌어지면 관계는 성인이 되어서도 쉽게 좁혀지지 않는다. 부모는 형제간의 마음의 문이 닫히지 않도록 세심하게 살펴서 '형제의 난'이 조기에 수습될 수 있도록 해야 한다.

유아는 자신을 온전히 사랑해주는 부모를 통해 자신의 존재를 확인하고 세상에 대한 건전한 지각을 발달시킨다. 부모의 부재나 대상상실로 인해 애정욕구가 결핍된 유아는 이후 발달에 치명적인 영향을 받게 된다. '현정이가 예전처럼 황제의 생활로 다시 돌아갈 수 있게 해주세요'가 내가 내린 처방이었다. 동생이 태어남으로써 공백이 되어버린 어린 시절을 부모의 관심과 사랑으로 재경험할 수 있도록 해야 한다. 자신이 온전히 수용되고 사랑받는 존재라는 사실을 확인하게 되면 현정이의 문제행동은 자연스럽게 치유될 것이기 때문이다.

'형제의 난'에 대처하는 법

한 아이에게만 사랑을 주는 편애는 부모와 편애 대상, 편애의 피해자 모두에게 부정적인 영향을 미친다. 편애를 받고 자란 아이도 피해자라는 사실을 간과하는 경우가 있는데, 사랑을 독차지하고 자란 아이도 성인이 되어 사회에 적응하지 못하는 경우가 많다. 학교나 유치원에서는 부모만큼 일방적으로 사랑을 주지 않기 때문에 아이는 쉽게 좌절하고 이로 인해 사회성 발달에도 문제를 겪게 된다. 부모의 사랑을 받지 못한 아이도 열등감과 낮은 자존감으로 고통스러워한다.

문제는 편애하는 부모가 자신의 문제를 인식하지 못하고 있다는 것이다. 열 손가락 깨물어서 안 아픈 손가락 없다고, 부모는 모든 자녀를 사랑한다. 그러나 부모 자신도 모르게 아이들에게 상처를 주기도 한다. 특히 아이들끼리 다툼이 있을 때 제대로 중재하지 못해서 더 큰 혼란을 만들기도 한다. 형제간의 싸움은 부모를 가장 힘들게 하는 일 중의 하나이다. 싸움 그 자체로도 마음이 아프지만, 잘못 끼어들었다가 자칫 "엄마는 동생만 예뻐해", "아빠는 형 편만 들어"라는 소리를 듣기 일쑤다.

싸우지 않고 자라는 아이는 없다. 아이들은 싸우며 의견을 조정하고 양보하고 포기하는 법을 배우게 된다. 이런 경험은 훗날 인간관계의 기초가 된다. 형제간에 갈등이 생기면 형제는 서로 책임을 전가하며 자신의 행동을 정당화하려 한다. 형제 갈등은 주로 부모의 관심과 인정을 받으려는 경쟁에서 시작되는데, 이것은 최초의 생존경쟁이며, 이 과정에서 비교, 시기, 좌절을 겪으며 상처받기도 한다.

그러면 부모는 어떻게 대응하면 좋을까? 아이들이 싸울 때 그 정도가 그리 심각하지 않다면, 지켜보되 끼어들지 않는 것이 좋다. 아이들이 스스로 타협하고 해결안을 제시할 능력이 있음을 믿어주어야 한다. 아이들은 부모가 생각하는 것보다 훨씬 현명하다. 부모는 옳고 그름을 판단하기 전에 아이들 각자의 감정을 인정해주고 자신의 입장을 이야기할 기회를 주어야 한다. 시간이 걸리더라도 아이들 모두의 이야기를 들어주고 정리하는 시간을 주면, 아이들은 싸움이 작고 사소한 일로 시작되었다는 것을 알게 되고 얘기하는 동안 억울하고 분한 마음도 점차 사라지게 된다.

　부모는 아이들을 성격과 개성이 다른 각각의 개인으로 인정하고 형제간에 불필요한 비교를 해서는 안 된다. 아이마다 각기 다른 재능을 타고났다. 한 부모에게서 태어났다고 해서 형제자매가 모두 똑같을 수는 없다. 서로 다른 아이들을 공부라는 잣대로만 평가하고 비교해서는 안 된다. 공부는 비록 못하더라도 아이가 가진 보석과도 같은 재능을 발견하고 잘 다듬어서 빛이 나도록 해주는 것이 부모의 역할이다. 아이들 각자에게 나름의 개성과 장점을 가진 가치 있는 존재임을 각인시켜주고, 가족은 서로 존중받고 존중해야 하는 관계임을 깨닫게 해주어야 한다.

학교폭력에 대처하는 부모의 자세

예전에는 친구 간 말다툼이나 제법 큰 몸싸움까지도 크는 과정에서 일어나는 자연스러운 일로 받아들이고 가해자와 피해자 부모 모두 너그럽게 넘어가는 것이 일반적이었다. 하지만 시대가 바뀌면서 학교폭력의 양상이 예전과 비교할 수 없을 만큼 정도가 심해지고 학생들의 피해도 심각해지면서 처벌수위도 강화되었다. 적절하게 대응하지 못하면 원인 및 결과와 관계없이 양쪽 학생 모두에게 큰 상처를 남길 수 있으므로 그 대응법을 알아둘 필요가 있다.

가해학생의 부모

내 아이가 가해학생이 되면 부모는 놀라고 화난 마음에 자녀를 비난하고 감정적으로 일을 처리하기 쉽다. 그러나 위기상황일수록 침착하게 대응해야 아이도 상처를 덜 받고 자신의 행동에 책임지는 자세를 배울 수 있다. 문제가 커지면 가해학생도 피해학생과 마찬가지로 당황하고 불안해하며 심리적으로 위축된다. 아이의 마음을 먼저 읽어준 다음 근본원인을 파악해서 다시는 이런 일이 없도록 적절한 도움을 받게 해야 한다.

① 상황을 냉정하고 객관적으로 파악하기

'우리 아이는 그럴 리 없다'는 시각을 버리고, 상황을 객관적으로 파악하기 위해 정보를 수집한다. 정확한 정보를 바탕으로 자녀의 폭력적 행동의 근본원인을 파악한다. 일시적인 문제인지, 구조적인 원인 때문인지 알아본 다음 근본원인이 있다면 이를 개선하기 위한 도움과 치료가 선행되어야 한다.

② 학교에 중재 요청하기

문제를 인지하면 학부모끼리 해결하려 하기보다는 담임교사와 학교 측에 솔직히 얘기하고 도움을 청한다. 학교 측에서 문제를 제기한 경우, 협조적으로 응하고 사실여부에 따라 학교 측의 절차를 성실히 따라야 한다. 피해학생과 부모에게 공식적으로 유감을 표시하고 진심으로 사과한다. 또 자녀 앞에서 피해학생이나 부모의 태도를 비난하지 말고 합의 문제, 돈 문제와 같은 사안을 함부로 이야기하지 않는다.

③ 따뜻한 분위기로 지도하기

잘못된 행동은 지적하되, 인격적으로 수용하고 따뜻한 분위기로 지도한다. 아무리 가해자라도 심한 체벌이나 모욕감을 주는 말과 행동으로 자녀에게 부적절한 죄책감 및 분노를 유발하게 해선 안 된다. 아이가 피해학생의 고통에 공감하고 진심으로 사과하도록 지도한다.

④ 아이가 행동에 책임질 수 있도록 도와주기

아이가 자신의 행동에 책임지는 연습을 할 수 있도록 부모가 무조건 알아서 처리해주겠다는 입장은 금물이다. 아이가 잘못을 인정하면 실수를 용인해주되 다시는 남을 괴롭히는 행동을 하지 않도록 확실히 지도해야 한다. 정학 등 다소 큰 처벌을 받더라도 스스로 책임지게 해야 책임감 있는 성인으로 자랄 수 있다.

피해학생의 부모

학교폭력의 피해자가 된 학생은 위축되고 심리상태가 불안정하다. 속상한 마음에 아이보다 더 크게 아파하거나 가해학생에 대한 분노를 표출하기보다, 먼저 아이의 힘든 마음부터 읽어주어야 한다. 그리고 따뜻한 말로 어떤 일이 있어도 부모는 자녀의 편임을 확신하게 해주어야 한다. 속상하다고 해서 감정적으로 대응해서는 안 되며, 객관적인 사실을 바탕으로 합리적으로 대응하는 모습을 보여주어야 한다. 위기상황에서 부모의 대응 모습을 통해 아이들은 위기관리 능력을 배운다. 부모가 현명하게 대응하면 아이가 어려움을 극복하고 심리적 건강을 회복하는 데 큰 도움이 된다.

① 안전확보

아이를 안심시키는 것이 우선이다. 필요하다면 등하굣길에 동행하여 피해 발생 위험을 줄이는 것도 고려해봐야 한다. 또 담임교사와 상의하여 학교에서 아이가 충분히 보호받을 수 있도록 조치한다.

☑ 객관적 사실 및 현재의 상태 파악

객관적이고 정확한 사건의 개요, 진위여부, 피해 기간 및 강도, 가해자의 신상 등을 파악한 후, 원인을 알아봐야 한다. 자녀의 상처 및 심리상태를 상세히 파악하는 것도 매우 중요하다. 내 아이가 문제의 원인을 제공했을 수 있으므로 자녀의 사회성이나 언행, 태도 등에서 잘못된 점도 파악해야 재발을 막을 수 있다. 전문가의 도움을 통해 현재의 피해 정도와 상태를 세심하게 살펴보고 필요한 조처를 하는 것이 바람직하다.

☑ 학교에 도움 청하기

사건 처리를 위해 학교와 담임교사에게 사실을 알리고 도움을 요청한다. 개별적으로 처리한다거나 그냥 덮어두고 넘어가게 되면 같은 일이 재발할 수 있고, 또 다른 피해학생을 만드는 원인이 되기도 하므로 공식적인 처리절차를 밟는 것이 좋다.

☑ 피해 징후가 보일 때 도움이 되지 않는 말

- 넌 왜 그렇게 바보같이 당하고만 있니?
- 별거 아니야, 엄마 아빠도 다 맞으면서 컸어.
- 그거 하나 해결 못 하면 인생의 실패자가 되는 거야.
- 너도 싸워. 맞고만 있지 말고 너도 때리란 말이야!
- 엄마 아빠가 다 알아서 할 테니 넌 가만히 있어.
- 시간이 해결해줄 거야.
- 엄마 아빠 말고 아무한테도 너 맞은 얘기하지 마. 그러면 친구들이 널 깔볼 거야.

- 친구 같은 건 없어도 되니까 공부만 신경 써.

5 피해 징후가 보일 때 도움이 되는 말

- 그동안 많이 힘들었겠구나.
- 엄마 아빠가 지켜보고 있을 테니 걱정하지 마.
- 힘들었을 텐데 이렇게 잘 버텨온 걸 보니 훌륭하구나.
- 도움을 청하는 것은 부끄러운 일이 아니란다.
- 싫은 것을 싫다고 이야기하는 것이 용기야.
- 자, 이제 우리가 이 일을 어떻게 해결해야 할지 같이 이야기해볼까?

chapter 3

나쁜 부모는 있어도
나쁜 아이는 없다

모든 걸
해결해주는 부모

어미닭은 껍질 속에 있는 병아리가 먼저 소리를 내야만 도와준다고 한다. 안에서 소리가 나지 않으면 절대 먼저 알을 쪼지 않는다. 병아리가 껍질을 깨지도 않았는데 어미닭이 나서서 껍질을 깨주면 그 병아리는 십중팔구 병약해서 죽고 말기 때문이다. 힘겹게 알을 깨는 통과의례를 거쳐야만 병아리는 세상 속에서 살아갈 힘을 얻는다.

사람 역시 마찬가지다. 아이 스스로 해볼 기회를 주고 요구할 때까지 참고 기다려야 한다. 그런데 현실의 부모는 쉽사리 조급증을 버리지 못한다. 부모가 해결사를 자처하면 아이는 장애물을 만났을 때 뛰어넘으려 하지 않고 부모가 나타나 치워주기만을 기다린다.

부모는 장애물 처리반장이 아니다. 아이가 장애물 앞에서 좌절하고 힘들어할 때 그것을 뛰어넘고 계속 나아갈 수 있도록 격려하고 도와주는 사람일 뿐이다. 아이를 위해 무엇이든 해결해주려고 하면 아이가 잘못된 길로 접어들었을 때 반성하고 생각할 기회를 차단하는 셈이 된다. 미리 모든 것을 챙겨주는 것은 똑똑한 아이를 바보로 만드는 것과 같다.

과잉보호는 과도한 통제와 같다

연주는 고등학생이 되었지만 여전히 학교생활에 적응하지 못했다. 학기 초부터 교칙을 무시하기 일쑤였고 공부가 하기 싫다고 수업시간에 집으로 가는 일도 다반사였다. 담임교사가 야단치기도 하고 달래기도 하면서 지도했지만 달라지지 않아 결국 상담실로 오게 되었다.

"누가 나한테 이래라저래라 하면 견딜 수가 없어요. 학교에 있는 게 불편하고 그냥 집에 가고 싶어요."

"집에 있는 게 좋으니? 집에서도 해야 할 일이 있을 거잖아."

"집에서는 편해요. 엄마가 내가 원하는 걸 다 해주니까요."

연주는 몸은 고등학생이었지만 정서상태는 아직 초등학생 수준에 머물러 있었다. 연주 엄마를 만나서 아이의 상태에 대해 말씀드렸더니 이런 답변이 돌아왔다.

"선생님, 연주는 집에서는 아무런 문제가 없는데 학교만 가면 일이 생기네요. 뭐가 잘못된 것일까요?"

상담하면서 연주 엄마의 양육태도를 점검하게 되었다. 연주 엄마는 연주가 어렸을 때부터 지금까지 오직 아이 뒷바라지에 모든 시간을 썼다. 심지어 고등학생인 지금까지도 자가용으로 매일 등하교를 시켜주고 있었다. 연주 엄마 아빠는 아이를 키우면서 한 번도 '안 돼'라고 말한 적이 없다고 했다. 상황이 이렇다 보니 연주는 자신에게 모든 걸 맞춰주는 가정에서는 착한 딸이었지만, 학교에서는 천덕꾸러기였다.

단체생활에서는 규칙도 지켜야 하고 마음에 들지 않더라고 포기하고 받아들여야 할 일이 있기 마련이다. 지금껏 한 번도 누군가의 제재를 받아본 적이 없는 연주는 학교의 작은 규칙조차도 지키기를 거부했다. 그렇다 보니 친구들 사이에서도 이상한 아이로 낙인찍혀서 겉돌고 있었다. 연주는 앞으로가 더 걱정이었다. 학생일 때는 그래도 학교라는 보호막이 있지만, 성인이 되어 사회생활을 하게 되면 누구도 연주의 보호막이 되어줄 수 없기 때문이다.

아이와의 정서적인 독립을 어려워하는 부모들은 아이를 최고로 키우고 싶은 욕심에 아이 인생을 마음대로 휘두르려고 한다. '모든 게 다 아이를 위해서다'는 일념으로 희생하는 듯 보이지만, 사실은 아이를 자신의 소유물로 착각하고 아이가 부모의 생각에 따라주기를 강요한다. 그러나 부모는 자녀를 믿어야 한다. 아이도 나름의 생각이 있고, 필요하면 도움을 요청할 줄도 안다. 그때까지 아이가 스스로 판단하고 결정할 수 있도록 배려해주어야 한다. 조언해줄 때도 방향제시만 해주는 선에서 물러나고 세부적인 내용까지 간섭해서는 안 된다.

과잉보호는 과도한 통제와 별반 다를 바 없다. 매사를 알아서 해주는 것과 아무것도 하지 못하게 하는 것은 큰 차이가 없다. 부모의 걱정을 아이에게 투사해서 성장 과정에서 자연스럽게 겪어야 할 모든 경험을 차단해버리기 때문이다. 부모가 해결사가 되어서는 곤란하다. 아직 자녀가 어리고 판단능력이 없다고 생각되더라도 아이의 생각을 확인하고 의사를 존중해주어야 한다. 설령 아이의 생각이 무모하고 실패할 확률이 높더라도 실패를 통해 성장할 수 있도록 해주어야 한다. 아이 스스로 깨닫지 못하면 변화는 일어나지 않는다.

누구를 위한 희생인가

선우는 어렸을 때 심장병을 앓았다. 그 이후로 선우 엄마는 아이가 잘못될까 두려운 마음에 선우를 철저히 보호하기 시작했다. 선우는 친구들과 따로 만날 약속을 잡기도 어려웠고 캠프 등 집단활동에도 참여할 수 없었다. 친구들과 어울리면서 배워야 할 사회성을 습득하지 못한 선우는 또래 사이에서 점점 소외되었고 힘겨운 학교생활을 이어가야 했다.

선우는 지금 외롭다고 느끼지만, 부모에 대한 의존도는 점점 더 심해질 것이다. 아직은 친구들과 어울려 놀고 싶은 마음이 있지만, 조금이라도 어려운 상황에 부딪히면 부모의 품으로 숨기를 자처할 것이다. 선우엄마가 과연 이 모든 문제를 해결해주고 끝까지 선우를 안전하게 보호할 수 있을까?

부모는 종종 자신이 일일이 알려주지 않으면 아이가 아무것도 하지못할 거라고 단정한다. 그래서 부모가 정해준 대로 아이가 따라오도록일일이 간섭한다. 아이가 불평하면 아이를 위한 일이라고 합리화하며,

자기가 의도한 방향으로 아이를 이끌어가는 부모가 좋은 부모라고 착각한다. 하지만 간섭은 사랑이 아니다. 간섭은 아이를 믿지 못하는 마음이다. 자녀를 믿지 못하기 때문에 사사건건 간섭하고 끼어든다. 부모의 간섭은 아이에게 시행착오의 기회를 차단해서 문제해결능력을 키우지 못하게 한다. 아이 스스로 독립된 존재로 살아갈 길을 차단한 셈이다.

부모가 늘 아이 곁에 머무를 수는 없다. 그런데도 많은 부모가 품 안에서 자녀를 놔주려 하지 않는다. 비바람과 가뭄을 잘 견뎌낸 나무가 튼튼하게 자라듯이, 아이 역시 적절한 고난과 시련 속에서 더 단단해진다. 아이는 결핍 속에서 어려움을 헤쳐나가면서 성장한다. 더 알고 싶어야 공부하고, 더 경험하고 싶은 마음이 들어야 도전한다. 잘못된 헌신과 과도한 간섭은 아이의 동기를 꺾어버려 무능한 아이로 만들 수 있다. 스스로 생각할 기회를 박탈당한 아이는 자신이 어떤 모습인지, 어떤 가치가 있는지 알지 못한다. 부모의 간섭은 아이의 자아개념에 부정적인 영향을 미치고 자존감에 큰 타격을 준다. 자녀의 실수를 허용하고 느긋하게 기다려줄 때 아이는 성장한다. 부모의 신뢰와 지지를 받고 자란 아이는 정서적으로 안정적이며 자아상 또한 긍정적이다.

부모에게 자식은 다 큰 성인이 되어도 물가에 내놓은 어린아이와 같은 존재다. 보호하지 않으면 큰일 날 것만 같은 불안감이 '헬리콥터 맘'을 만들고, '헬리콥터 맘'에 의해 양육된 아이들은 '캥거루족'이 된다. 이 과정에서 아이들은 자립심, 능동성, 적극성 그리고 창의력이나 인내심을 잃게 되어 독립된 생명체로서 살아가는 데 필요한 기본적인 능력을 잃어버린다. 다 큰 아들에게 용돈을 주는 엄마와 취직 시험장마다 따라다니는 아빠, 아침마다 대학생 딸을 깨워주는 엄마의 모습은 자신이 보호하지 않으면 아이들이 제대로 살 수 없을 거라는 강박관념이 낳은 우리 시대의 불편한 자화상이다.

"다 널 위해서 이러는 거야."

"어른들 말을 잘 들으면 자다가도 떡이 생긴다고 했어."

"넌 아직 어려서 세상을 잘 몰라."

"엄마가 하라는 대로 하면 네 미래가 편하다니까!"

수많은 시행착오를 겪어온 부모 입장에서는 내 아이가 지름길로, 조금이라도 편안한 인생을 살기 바라는 마음에서 걱정한다. 그러나 우리가 그랬듯이 청소년기에는 부모의 말이 귀에 들어오지 않는다.

'헬리콥터 맘'의 희생이 과연 진정한 사랑일까? 엄마는 아이를 위해 자신의 모든 것을 희생했다고 말할지 몰라도 아이도 과연 그렇게 생각할지는 의문이다. 엄마는 엄마대로 모든 걸 아이에게 맞춰서 힘겨운 삶을 살았다고 할 것이고, 아이는 아이대로 부담스럽고 답답했다고 말한다면 과연 누구를 위한 희생이었는지 묻지 않을 수 없다.

엄마의 희생이 아이를 위한 순수한 목적인지 냉정히 생각해보아야 한다. 희생이라는 이름으로 아이를 통제하고 자녀를 품 안에서 절대 내어놓으려고 하지 않는 대신, 자신의 삶을 개척해서 열심히 사는 모습을 보여주어야 한다. 이런 모습이 아이들에게는 좋은 모델링이 되고 그 자체가 교육이 된다. "내가 누구 때문에 이 고생을 하고 사는데, 너는 엄마 마음도 몰라주고 이런 식으로 할 거야!"라고 아이에게 한 번이라도 하소연한 적이 있는 엄마라면 자신을 돌아보아야 한다.

부모는 아이를 위해 희생한다. 그러나 희생에도 적절한 정도와 알맞은 시기라는 것이 있다. 어떤 아이도 엄마의 전폭적인 희생을 원하지 않는다. 아이를 위해 자신의 모든 것을 걸 만큼 희생하는 삶을 살지 말자. 희생이라는 이름으로 아이의 성장을 가로막는 과보호의 덫에 걸린 부모가 되어서는 안 된다. 실수하면서 배운 값진 경험만이 온전히 아이 몫으로 남아 마음의 근육을 키운다.

자녀의 감정을
무시하는 부모

수연이는 아빠에 대한 불만이 많다. 평소 화를 자주 내는 수연이 아빠는 수연이에게 화를 내고 심하게 야단을 치고 난 후 언제 그랬냐는 듯이 금방 아무렇지도 않게 행동한다. 아빠의 이런 행동을 수연이는 도저히 이해할 수 없다. 마음의 상처를 입은 자신의 마음은 아랑곳없이 어떤 설명도, 위로도 없이 기분 내키는 대로 행동하는 아빠에 대한 실망감은 점점 커져갔다.

아이에게 꾸지람한 후 불편하고 어색한 관계에서 빨리 벗어나고 싶어서 마치 아무 일 없었던 것처럼 행동하는 부모들이 있다. 하지만 이때 아이가 느끼는 감정은 마치 부부 싸움 후에 남편이 갑작스러운 농담으로 어색한 순간을 무마하려 하거나 신체접촉으로 적당히 넘어가려는 경우에 아내가 느끼는 심정과 비슷할 것이다. 이 경우 아내는 자신의 감정이 중요하지 않다고 느끼는 남편에게 심한 분노와 모욕감을 느낄 것이다.

심리학자 피아제는 "아이들은 사회적 관계를 수립하기 위해 다른 사람의 마음을 읽는 공감능력을 발달시키게 된다"고 했다. '공감'은 타인의 감정을 이해하고 느끼는 능력이다. 감정이입을 통해 상대방의 입장을 공유하게 되면 상대는 자신이 이해받는다고 느끼고 두 사람 간에는 신뢰가 형성된다. 공감을 통해 두 사람이 감정적으로 연결되는 순간 사회적 관계가 시작되는 것이다.

부모와의 관계에서 공감능력을 키우지 못한 아이들은 타인의 감정에 공감하지 못한다. 따라서 다른 사람의 입장과 처지, 감정을 헤아리지 못해 대인관계에서 크고 작은 문제에 봉착하게 된다. 타인의 감정뿐만 아니라 자신의 감정조차 인식하지 못하게 되어 사회 속에서 건강한 관계 맺기에 실패하고, 자신의 의견이나 욕구를 표현하지 못한 채 살아가게 된다.

부모의 공감능력이 아이의 공감능력을 키운다

"엄마, 나 죽고 싶어"라고 아이가 얘기했을 때 펄쩍 뛰면서 "뭐라고? 부모 앞에서 못하는 말이 없구나. 네가 지금 제정신이야?"라고 하거나, "내가 너를 어떻게 키웠는데 지금 그런 소리를 하는 거야? 그렇게 죽고 싶으면 죽어!"라고 윽박지르지 말자. 아이의 표현을 액면 그대로 받아들여선 곤란하다. 아이는 진짜 죽고 싶다는 게 아니라 지금 힘드니까 자기 마음을 알아 달라는 것이다. 힘든 아이에게 필요한 것은 부모의 따뜻한 위로이지 비난과 독설이 아니다.

부모가 아이에게 공감해주면 아이의 자존감은 높아지고 이 자존감이 공감능력을 키운다. 공감능력이 높은 아이는 부모의 입장을 잘 이해하고 부모와 관계도 좋다. 그러나 부모와 공감대 형성에 실패한 아이는 부정적인 자아상을 가지게 된다. "난 별 볼 일 없는 사람이야. 사랑받을 가치가 없어"라고 생각하게 되고, 타인의 감정을 읽고 공감하는 에너지가 부족하다. 그러다 보니 타인의 말을 오해해서 상처받는 일도 잦다. 또 누군가 자신의 의견에 반대하면 공격으로 받아들여 쉽게 분노하기도 하고, 모든 일에 남의 탓을 하며 자신과 타인 모두를 힘들게 한다.

공감능력이 뛰어난 아이들은 의사소통능력이 뛰어나다. 자존감이 높아서 자신의 생각과 느낌 등을 정확하게 표현할 뿐 아니라 다른 사람의 생각과 느낌을 제대로 파악할 수 있다. 쌍방향 커뮤니케이션 능력이 뛰어나서 리더로서도 뛰어난 성과를 올릴 수 있다. 저마다 다른 성향과 가치관을 가진 사람들이 모여 사는 사회에서 서로의 차이를 인정하고 수용하는 공감능력은 매우 중요하다. 사람은 누구나 자신의 말을 잘 들어주고 이해해주는 사람을 따르게 마련이므로 공감능력이 뛰어난 아이가 리더로서도 성공할 가능성이 높다.

자존감이 낮거나 자기개념이 부정적인 아이들은 남의 말에 쉽게 상처받고 휘둘린다. 작은 비난도 받아들이지 못하고 쉽게 화를 내거나 격하게 반응하며 감정적으로 대응한다. 사소한 비난도 자신의 존재 자체에 대한 거부로 받아들이기 때문이다. 자존감은 아이가 성장하면서 겪게 되는 여러 가지 어려움에 직면했을 때 버틸 수 있는 힘이라고 할 수 있다.

자존감이 약한 아이는 작은 바람에도 쉽게 꺾이지만, 자존감이 높은 아이는 거센 회오리바람에도 중심을 잡고 버틸 수 있다. 그 자존감의 바탕에는 공감이 있다. 부모의 사랑과 인정이 부족한 채로 공감받지 못하고 자란 아이들은 방전된 배터리로 달리는 차와 다를 바 없다. 방전된 배터리로 달리는 차는 얼마 못 가서 멈출 수밖에 없다. 부모의 관심과 사랑으로 삶의 에너지가 충전될 때 아이들은 어려운 상황에 봉착하더라도 힘을 얻어서 앞으로 나아갈 수 있다.

아이와 감정 공유하기

아이들은 아직 미성숙하기 때문에 어른들처럼 세련되게 순화해서 감정을 표현하지 못하고 자극에 솔직하게 반응한다. 아이들은 쉽게 '학교 안 가', '동생이 죽었으면 좋겠어', '숙제 안 해'라는 말을 던지곤 한다. 이때 부모들이 많이 하는 실수 중 하나가 마치 아이가 정말 그렇게 하기라도 한 것처럼 불같이 화를 내면서 사생결단을 내려고 하는 것이다. 지혜로운 부모는 왜 그런 말을 했는지 아이의 감정반응을 먼저 읽어주고 아이에게 말을 할 때는 타인의 마음도 고려해야 함을 알려준다. 그리고 자신의 감정을 표현하는 방법에 대해서도 차근차근 이야기를 풀어나간다.

"엄마, 나 학교 가기 싫어"라고 말했을 때 "그래? 엄마도 출근하기 싫을 때가 있는데 너도 그렇구나" 하며 고개를 끄덕여주자. 엄마의 이 말 한마디에 아이는 마음을 열게 된다. 만약 "학교가 네가 가고 싶으면 가고, 가기 싫으면 안 가도 되는 곳이야? 정신이 있어, 없어?"라고 다그치게 되면 아이는 더는 말해봤자 혼만 나겠구나 하는 생각에 입을 다물게 된다. 이런 식의 대화가 계속되면 아이는 짜증이 나고 부모에 대한 불만은 점점 커지게 된다.

어린아이가 떠들고 소리 지르며 감정을 표현하는 것은 자연스러운 일이다. 그런데 지나치게 엄격한 부모들은 다른 사람에게 피해가 된다고 무조건 못 하게 막는다. 그러면 아이는 '내가 느끼는 것이 뭔가 잘못된 건가?'라는 생각을 하게 된다. 자신의 감정이 틀렸다는 경험을 자주 하게 되면 아이는 주변 사람들의 눈치를 보게 되고, 눈치를 보고 결정한 감정은 실제 자신의 감정과 다르므로 혼란스러워진다. 감정을 신뢰하지 못하는 것은 자신을 신뢰하지 못하는 것으로 이어진다. 아이가 어릴 때는 부모에 의해 시작되지만, 어느 시기부터는 스스로 자신의 감정을 믿을 수 없는 것으로 취급하는 것이다. 이렇게 되면 감정은 더 이상 그 사람의 상태를 알려주거나 어떤 행동을 해야 할 지침이 되지 못한 채 메말라버린다.

수용이는 평소 얼굴 감정이 드러나지 않았으며 친구들의 감정에 대해서도 둔감했다. 그러다 보니 어떤 친구와도 깊게 사귀지 못했다. 초등학교 5학년 무렵에 아빠가 돌아가셨는데, 엄격하고 차가운 성향의 엄마는 아빠의 죽음에 대해 일절 말하지 못하도록 했다. 아빠의 갑작스러운 죽음으로 마음속에 슬픔과 두려움, 외로움 등 여러 가지 감정이 소용돌이쳤지만 아이는 어떤 감정도 표현할 수 없었다. 애도 과정을 거치지 못한 수용이는 몸이 보내는 어떤 감정신호도 처리하지 못할 정도로 감정적으로 둔감한 아이로 자랐다.

감정은 억압한다고 사라지지 않는다

많은 경우 우리는 두렵고 슬프고 불안한 감정들을 괜찮다며 서둘러 묻어버린다. 우리 사회는 은연중에 감정을 표현하는 것을 별로 좋지 않게 보는 경향이 있어서 감정을 억압하려 한다. 그런데 감정은 억압한다고 사라지는 게 아니다. 나쁜 감정이라고 서둘러 덮으려 해서는 안 된다. 보살피지 않은 부정적인 감정들은 늘 말썽을 일으킨다. 삼켜진 감정은 내면에 남아 고여 있다가 예기치 않은 순간에 부정적인 형태로 나타난다. 원인을 알 수 없이 신체 여기저기가 아프거나, 강박, 우울, 무기력 등의 가면을 쓰고 어느 날 갑자기 불쑥 나타난다.

감정을 무시당한 아이는 혼란에 빠지게 되고 아무도 자신을 알아주지 않는다는 사실에 분노한다. 소리 지르고 물건을 던지면서 자기 마음을 알아주기를 바라지만, 부모는 오히려 그 행동만 보고 야단을 친다. 이런 일이 반복되면 아이의 자존감은 더 이상 자라지 못하고 타인의 감정도 존중하지 못하는 아이가 된다. 잘잘못을 따지지 않고 무조건 야단만 맞고 자란 아이는 자신의 감정을 표현하는 것도, 상대방의 감정표현을 받아들이는 것도 힘겨워한다.

부모와 다양한 감정을 공유하고 충분히 표현하는 법을 배운 아이는 타인의 감정에도 잘 반응하고 공감할 수 있다. 대인관계의 기초가 다져지는 것이다. 스트레스 상황에서 현명하게 감정을 다스리는 부모를 보며 아이는 감정을 다스리고 자신을 통제하는 법을 배운다. 분노, 슬픔 등의 감정이 나쁜 것이 아니라 자연스러운 감정임을 깨달을 때 자신을 신뢰하는 자존감 높은 아이로 자란다.

비교병에 걸린 부모

만약 아이가 이런 말을 한다면 기분이 어떨지 생각해보자.

"옆집 지수 엄마는 음식도 잘하고 잔소리도 안 한대. 게다가 얼굴까지 예뻐."

"현우 아빠는 바쁜 와중에도 주말에는 아이들을 위해 온전히 시간을 내주신대. 근데 아빠는 뭐가 그렇게 맨날 바빠."

아이의 말에 자극받아서 더 좋은 엄마, 더 좋은 부모가 되려고 노력하고 싶은 마음이 생길까? 상담실에 오는 아이들에게 "어떨 때 가장 부모님에게 화가 나고 싫으니?"라고 물으면 아이들은 바로 '자신과 다른 사람을 비교하는 것'이라고 말한다.

아이뿐만 아니라 어른도 마찬가지다. 비교당해서 기분 좋을 사람은 없다. 부모는 내 자녀를 최고로 키우고 싶은 욕심에 다른 아이들과 비교하게 된다. 아이가 또래에 비해 집중력이 떨어지는 건 아닌지, 소심한 건 아닌지, 주의가 산만한 건 아닌지 걱정스러운 시선으로 아이를 바라본다. 이렇게 다른 아이와 비교할수록 내 아이의 부족한 부분이 도드라져 보이고 열등한 것처럼 느껴진다.

아이를 가장 스트레스받게 하고 아프게 하는 것이 비교하는 말이다. 비교당한 아이는 자신감을 잃고 자신을 가치 없는 존재라고 여기게 된다. 공부를 열심히 하려고 했던 아이도 비교하는 말을 듣는 순간 학습 의욕이 꺾이고 만다. 비교는 자극을 주려는 부모의 의도와는 반대로 아이 마음에 상처만 남길 뿐이다.

비교는 내면에 열등감과 스트레스를 쌓이게 해서 부모와 자녀 모두에게 부정적인 감정만 남기고 소통을 단절시킨다. 내 안에서 행복을 찾는 게 아니라 남들과의 비교를 통해서 행복을 찾으려는 시도는 아이를 불행으로 내모는 지름길이다.

비교하는 부모, 상처받는 아이

수민이는 선생님들에게 사랑받는 모범생이다. 그런데 표정이 밝지 않고 불만 가득한 모습을 보일 때가 종종 있어서 상담실로 불렀다.

"수민아, 혹시 요즘 안 좋은 일이라도 있는 거니?"

"부모님이 언니와 저를 비교하고 언니만 예뻐서 속상할 때가 많아요. '언니 반만이라도 해라. 너는 왜 항상 그 모양이냐?'라며 말끝마다 언니와 저를 비교해요. 어렸을 때는 언니와 사이가 좋았는데 이제는 점점 언니가 미워져요."

"많이 속상했나 보구나."

"네, 언니는 공부도 잘하고 얼굴도 예쁘고, 사실 저보다 모든 면에서 뛰어난 편이에요. 자꾸 비교당하다 보니 자신감도 떨어지고 제가 자꾸 초라하게 느껴져요."

형우 역시 비교하는 부모로 인한 고충을 토로했다.

"전 엄마가 너무 싫어요. 엄마는 언제나 저를 남과 비교해요. '옆집 누구는 이번 시험에서 또 1등이라던데 넌 왜 이 모양이니?', '누구는 동생도 잘 챙겨주고 공부까지 봐준다는데 넌 형이 돼서 하는 일이 도대체 뭐니?' 아주 조목조목 따져서 비교하는데 미치겠어요. 마치 비교하기 위해 태어난 사람 같아요. 제가 조금이라도 실수하는 날이면 다른 아이와 비교하며 했던 얘기 또 하고 또 하는 통에 진저리가 나요."

부모의 잦은 비교는 아이를 지치게 하고 좌절하게 한다. 비교는 인간의 고유한 특성을 무시하고 부정하는 행위다. 한 배에서 나온 자식이라도 아이마다 다른 기질과 품성을 가지고 있다. 저마다 고유의 가치를 지닌 아이들을 부모의 잣대로 비교하는 것은 아이 가슴에 커다란 상처를 남긴다.

비교는 아이의 감정을 상하게 하고 부모에 대해 부정적인 감정을 갖게 한다. 아이 내면을 열등감과 적대감으로 가득 차게 하고 자존감을 저하시킨다. 자존감의 바탕은 자신을 존중하는 마음인데, 다른 사람과 비교를 당하면 자존감은 낮아질 수밖에 없다. 비난이나 비교를 자주 당한 아이는 어떤 일이든 쉽게 포기해버리고 끈질기게 노력하지 않는다.

"엄마, 나 오늘 영어시험에서 90점 받았어요."

학교에서 돌아온 아이가 밝은 표정으로 얘기한다.

"이번 시험이 쉬웠나 보네. 90점 이상이 몇 명이야?"

"한 10명 정도 돼요."

"그래? 그럼 90점이 잘한 게 아니네. 네 짝꿍 미선이는 몇 점이야?"

"미선이도 90점이에요."

엄마는 아이 말을 건성으로 듣고 "잘했네"라는 성의 없는 답으로 대화를 끝내버린다. 표정이 어두워진 아이는 더는 열심히 공부하고 싶은 마음이 싹 사라진다. 아무리 잘해도 자기보다 잘한 누군가와 비교되는 순간 자신이 초라하게 느껴진다.

부모는 그저 아이에게 좋은 자극을 주고 동기부여를 하기 위해 비교하기 시작했겠지만, 한번 비교하기 시작하면 비교 수위는 점점 높아질 수밖에 없다. 그리고 그 말은 좋은 자극제가 아니라 칼이 되어 아이 가슴을 찌른다.

부모에게서 잦은 비교의 말을 듣고 자란 아이는 한없이 움츠러들고 작아진다. 부모의 기대에 부응하지 못하는 자신이 못난 인간이라는 생각에 자신감에 치명상을 입는다. 그 결과 더 잘해야지 마음먹기보다 노력해도 소용없다는 생각에 깊은 무력감에 빠지게 된다.

중요한 것은 능력이 아닌 개성

유대인 교육법은 이미 한국에도 소문이 날 정도로 유명하다. 유대인들의 교육법이 남다른 것은 몇 가지 중요한 원칙을 지키기 때문이다. 그중 하나가 형제자매를 전혀 다른 인격체로 보고 절대 다른 아이와 비교하지 않는다는 것이다. 유대인들은 아이들에게 남보다 우월하라고 가르치는 게 아니라 남과 다른 사람이 되라고 가르친다. 유대인 부모들이 관심을 가지는 것은 아이들의 능력이 아니라 개성이기 때문이다. 그래서 아이 각자가 가진 개성과 재능을 꽃피울 수 있도록 도와주려 애쓴다. 아이가 가진 고유의 개성과 기질을 존중해주는 부모가 아이의 그릇을 크게 키울 수 있다.

우리는 늘 갖지 못한 것에 대해 지적받고 그것을 가져야 한다고 교육받아왔다. 가진 것에 대한 칭찬은 자존감을 키워주는 데 반해, 갖지 못한 것에 대한 질타는 눈치만 자라게 한다. 세상에 단점만 있거나 장점만 있는 사람은 없다. 누구나 장단점을 고루 갖추고 있다. 부모가 완벽한 사람이 아니듯이 아이의 단점을 지적하고 바꾸려고 하기보다는 그속에서 새로운 기회를 볼 줄 아는 프레임의 확장이 필요하다.

아이를 있는 그대로 받아들이고 존중해주어야 한다. 아이가 행복한 삶을 살기를 바란다면 내 아이에게만 초점을 맞추어야 한다. 자꾸만 다른 아이와 내 아이의 부족한 점을 비교하게 되면 부모와 자녀 모두 힘든 길을 갈 수밖에 없다. 동화작가 댄 그린버그(Dan Greenburg)는 비교가 우리 삶에 미치는 영향에 대해 이렇게 말했다.

"비교는 당할수록 사람을 더욱 불행하게 만든다. 내 아이가 정말 불행하기를 바란다면 주변에 괜찮은 아이, 장점이 많은 형제와 비교를 해줘라."

비교의 늪에 빠져 허우적거리는 부모가 되어서는 안 된다.

아이에게
훈육만 하는 아빠

상담을 하다 보면 아빠와 사이가 좋지 않은 아이들이 있다. 이 경우 엄마들은 답답한 마음을 호소한다.

"아이들이 아빠를 싫어해요. 남편이 밖에서는 점잖은데 집에서는 아이들에게 자주 화를 내고 말을 안 들으면 때리기도 해요. 잔소리도 심하게 하는 편이라 한창 사춘기인 아이들이 슬슬 반항을 시작하는 것 같아요. 아빠 말을 무시하고 대들 때도 있고, 주말에는 남편이 집에 있으니까 친구 만나러 나가서 늦게까지 들어오지 않아요. 남편은 남편대로 애들이 자신을 멀리하니까 서운해하는데 정작 아이들에게 다가가려는 노력은 하지 않아요. 중간에서 제가 어떻게 해야 할지 난감할 때가 많아요."

통제당하고 눌려 자란 부모의 경우 아이와의 관계에서 주도권을 잡고 휘두르려고 하는 경향이 있다. 사춘기의 반항적인 행동을 '감히 나에게 도전하는' 못된 행동으로 받아들이고 더 강한 힘으로 꺾으려 한다. 화를 쉽게 내는 사람은 '다른 사람이 나를 인정해주지 않는다. 나를 무시한다'는 생각을 가지고 있다. 그래서 '자식마저 나를 무시하는 건 못 참는다!'는 극단적인 생각을 하기도 한다. 이런 생각은 아이와 거리를 더 멀게 만든다. 대부분 아이는 부모를 무시하고 싫어해서 멀리한다기보다는 무섭고 친숙하지 않아서 어려워하는 것이다. 이럴 때는 아이가 먼저 바뀌기를 바라선 안 된다. 희망적인 것은 부모가 다가가면 아이들은 반드시 변한다는 것이다.

대화가 아닌 욕이 자연스러운 아빠

건우 아빠는 어렸을 때부터 스트레스를 받으면 욕으로 풀곤 했다. 그러다 보니 욕이 그렇게 무서운 것이라는 생각을 하지 못했고, 아이들 앞에서도 입에서 나오는 대로 말하기 일쑤였다. 특히 '남자아이인데 뭘 그리 신경 쓰겠어?' 하고 대수롭지 않게 생각한 것이 문제였다. 그러나 건우는 욕을 하는 아빠가 무서웠고 자신을 무시하는 것 같아 마음에 큰 상처를 입었다.

부모의 강압적인 명령과 통제에 익숙한 아이들의 반응은 두 가지이다. 무기력하게 꺾이는 경우와 극단적인 반항으로 대응하는 경우이다. 반항할 경우 부모는 권위에 대한 도전으로 받아들이고 응징하려고 한다. 하지만 이런 식의 대응은 아이가 부모를 더 무시하게 만들고, 심리적으로 더 멀어지게 한다.

자식을 강하게 통제하고 엄격하게 대하는 아빠들은 자신의 아버지가 했던 방식 그대로 따라 하는 경우가 대부분이다. 건우 아버지는 이렇게 말했다. "저는 엄한 아버지 밑에서 자랐습니다. 아버지 덕분에 이 정도라도 사회생활하면서 가족들을 책임질 수 있게 되었습니다. 어렸을 때는 아버지의 엄한 훈육이 힘들었지만, 어른이 돼서 생각해보니 감사할 따름입니다. 선생님도 사회생활해봐서 아시겠지만 힘들 때가 얼마나 많습니까? 미리미리 단련을 시켜놓지 않으면 제대로 인간 노릇 하기도 힘든 세상입니다."

물론 이 말에도 일리는 있다. 경쟁사회에서 치열하게 살아남기 위해 애쓰고, 자신의 경험에 비추어 아이들을 경쟁력 있게 키우고 싶은 부모 마음을 탓하려는 것은 아니다. 하지만 사랑과 신뢰를 바탕으로 해야 할 가족관계가 점차 허물어지고 있다는 걸 깨닫지 못하는 것이 문제다. 아이들에게 존경받지 못하고 아내에게도 핀잔만 듣는 사람이 가장으로서 권위를 행사하기에는 역부족이다.

"옛날에는 아버지들이 바깥일만 할 뿐 아이들을 살갑게 대하지도 않았지만 가장으로 존경을 받았습니다. 하지만 요즘 아버지들은 어떻습니까? 일은 일대로 힘든데 집에 오면 아이들 눈치 보며 기분까지 맞춰 줘야 하니 너무 힘듭니다. 그런데도 아이들은 오히려 아빠를 무시하고 멀리하려고만 하니 저도 화가 납니다."

옛날 얘기 운운하며 신세 한탄을 하는 것은 아무런 소용이 없다. 오히려 아이들에게 퇴물 취급을 받고 무시만 당할 뿐이다. 시대가 변했는데 자신의 아버지가 했던 그대로 자녀에게 할 경우 득보다 실이 더 많다는 것을 알아야 한다. 과거의 경험과 삶의 태도가 현재에도 그대로 적용될 것이라는 믿음은 가족을 불행의 늪으로 빠트릴 수 있다. 세상이 변했고 가족관계도 변하고 있다. 전통사회에서는 가장의 말 한마디가 곧 지켜야 할 법이었지만, 지금 아이들은 더는 강압적인 통제의 틀을 이해하고 받아들이려 하지 않는다.

강압적인 아버지의 내면에는 사실 두려움이 자리하고 있다. 아이에게 지면 무시당할까 두렵고, 아이의 사랑을 잃을까 봐 두렵다. 겉으로는 강해 보이지만 내면에는 버림받을지 모른다는 두려움에 떨고 있는 약한 자아가 있다. 건우 가족의 경우 엄마와 아이들은 정서적으로 같은 편인 반면, 아빠는 가족 내에서 소외당한 채 외톨이가 되어가고 있었다. 스스로 변화를 결심하고 아이들에게 조금씩 다가가서 정서적인 유대감을 회복하는 것이 급선무임에도 내면의 두려움으로 인해 잘못된 방식을 고수하다 보니 관계는 점점 더 소원해졌다. 관계회복이 가장 시급한 과제임을 거듭 말씀드렸지만, 건우 아빠는 지금까지 해왔던 방식에서 쉽게 벗어나지 못했다.

부모는 자녀에게 '나는 언제나 네 편이고 힘든 순간을 너와 함께할 것이다'는 마음을 보여주어야 한다. 그런데 이런 부모는 반대로 행동한다. 화를 내서 아이를 더 멀리 밀어내고, 아이가 부모로부터 도망치고 싶게 한다. 아이와 부모 모두 자신이 바라는 것과 반대로 행동해서 사랑을 밀어내는 결과를 낳는 것이다.

훈육에 대한 부담감을 줄여야

부모라면 자녀에게 알려주고 싶고, 가르쳐주고 싶은 것이 참 많을 것이다. 그러나 대화를 할 때는 내용 전달에 치중해서는 안 된다. 메시지가 중요한 것이 아니라 감정에 먼저 다가가야 한다.

"기분이 많이 안 좋은가 보구나. 아빠에게 얘기해줄 수 있겠니?"

"네 마음이 많이 불편한가 보구나. 나와 함께 방법을 찾아보면 어떨까?"

관계를 먼저 회복한 다음 하고 싶은 말을 전달해야 한다. 그래야 아이들 마음에서 반항의 싹이 자라는 것을 막을 수 있다. 적절히 수용하고 받아주지 않으면 반항의 싹은 계속 자라게 된다. 당장은 힘들더라도 받아주는 것이 멀리 보면 힘을 더는 방법이다.

중요한 것은 아이와 진지하게 소통하려는 마음이다. 반항을 힘으로 제압하려고 하지 말고 진심으로 마음을 알고 싶다는 뜻을 전달해야 한다. 부모와 원수지간으로 지내고 싶은 자녀는 없다. 아이 역시 문제를 잘 풀어가기를 바란다. 그동안 쌓인 앙금이 많을수록 부모의 노력이 더 많이 필요하다. 반복적이고 지속적으로 다가가려고 노력한다면 자녀도 언젠가는 부모의 마음을 알게 되어 조금씩 마음의 문을 연다.

건우 아빠처럼 남편이 아이들과 관계가 좋지 않다면 우선 훈육에 대한 아빠의 역할을 덜어주는 것이 필요하다. 아이들과의 관계가 좋아질 때까지는 편하게 어울리는 역할만 주고, 행동을 통제하고 다스리는 역할은 엄마가 한다. 아빠는 아이와 같은 취미활동을 하거나 칭찬하고 격려하는 정도의 역할만 하면서 조금씩 아이에게 다가간다. 이 과정에서 남편의 행동에 탐탁지 않는 부분이 있더라도 비난하기보다는 남편을 믿어주어야 한다. 아내가 인정해주고 믿어주면 남편은 내면의 두려움을 이기고 아이에게 친근하게 다가간다. 아내의 위로와 공감이 남편의 태도를 변화시킨다. 그리고 남편의 변화된 태도는 아이를 변화시킨다.

자녀의 성공에
집착하는 부모

우리 사회에서 자녀의 성적에서 자유로울 수 있는 부모는 아마 별로 없을 것이다. 공부를 잘하는 아이를 둔 엄마는 어깨에 저절로 힘이 들어가고 학부모 모임에서 당당하게 자녀 얘기를 한다. 반면 아이가 공부를 못하면 죄인이라도 되는 양 어깨를 움츠린다.

성공강박증에 시달리는 부모는 아이의 잠재력을 최대한 빨리 끌어내는 것을 교육의 목표로 삼는다. 그래서 재능을 간과하거나 능력계발 시기를 놓칠까 봐 전전긍긍하며 조기교육의 현장으로 아이들을 떠밀고 있다. 친구들과 어울려 뛰어놀아야 할 나이에 하루에 대여섯 개의 학원을 순례하는가 하면, 부모와 보내는 시간보다 학원에서 보내는 시간이 더 많은 아이가 부지기수다.

아이가 성공해야 내가 대접받는다?

대기업 임원인 민형이 아빠는 자녀교육에 관심이 많았다. 민형이는 어릴 때는 부모가 하자는 대로 잘 따라와주었지만 중학생이 되면서 점점 공부와는 멀어지더니 급기야 친구들과 어울리며 노느라 학업은 뒷전이 되었다. 속이 탄 민형이 부모는 점점 더 좋은 학원으로 옮기며 아이의 성적을 유지하기 위해 갖은 애를 썼지만, 그럴수록 민형이는 부모의 눈을 피해 학원을 빠지고 친구들과 노느라 바빴다.

민형이를 만나서 속내를 들어보니 아이에게는 나름대로 고충이 있었다. 학년이 올라가면서 공부는 점점 더 어려워졌고 성적이 떨어지자 부모님의 기대를 채울 수 없으리라 판단이 섰다. 그러자 민형이는 아예 학업을 포기하고 손을 놓아버렸다. 처음에는 시험기간에라도 공부해야 겠다고 책상 앞에 앉았지만 이렇게 해봤자 아빠처럼 명문대에 갈 수 없으리라는 생각이 들자 그마저도 하지 않게 되었다. 부모님 몰래 친구들과 어울려 담배를 피우고 PC방을 전전하며 놀 때는 부담으로 무거워진 어깨가 조금은 가벼워지는 듯했다.

자녀의 진로에 대해 부모들은 막연히 "아이가 좋아하는 걸 시켜야죠. 요즘 아이들이 어디 부모가 하라는 대로 하나요"라고 답한다. 하지만 막상 아이의 꿈이 부모가 기대하는 직업과 동떨어진 것이 현실로 확인되면 문제는 달라진다. 과거와는 달리 많은 변화가 일어나고 있지만, 부모의 직업이나 가치관은 여전히 자녀에게 강한 영향을 미치고 있다. 부모는 자신이 아는 만큼, 보는 만큼 자녀에게 기대하게 되고, 자녀는 역할모델로서 부모의 모습을 통해 가치관을 형성한다.

부모가 아이의 성공에 이렇게 집착하는 이유는 무엇일까? 첫 번째 이유는 자식을 사랑하기 때문이다. 부모는 사랑하는 자녀가 행복한 삶을 살기를 원하고 그러기 위해서는 공부를 해야 한다고 생각한다. 하지만 아이러니하게도 공부가 행복한 인생을 보장해주지 못한다는 것을 부모도 이미 알고 있다. 두 번째 이유는 공부를 수단으로 높은 사회적 지위를 획득하여 무시당하지 않고 당당하게 살기를 바라기 때문이다. 하지만 사회가 변하고 가치관이 다양해지면서 높은 지위나 세속적인 권력이 삶의 만족도를 높여주는 것은 아니라는 사실도 점차 드러나고 있다.

세 번째 이유로 자녀의 성공을 통해 부모가 삶의 의미를 찾으려고 하는 경우도 있다. 말로는 자녀를 위해서라고 하지만 남들이 부러워할 만한 지위에 오른 자식을 보며 대리만족을 얻고 싶어한다. 이런 불순한 이유로 자녀에게 공부를 강요할 경우 부모 자식 관계는 왜곡되고 결국은 회복하기 어려운 파국으로 치닫기도 한다.

자녀의 성공이 곧 나의 성공이라고 믿는 한국의 부모자녀 관계에 대해 외국의 교육전문가들은 놀라움을 표현한다.《내 아이를 위한 감정 코칭》의 저자 최성애 박사는 한국의 엄마들에겐 '생물학적인 모성'에다 우리 사회만의 독특한 '문화적 모성'이 포함되어 있다고 설명했다.

"역사적으로 볼 때 우리나라 여성은 고려시대까지는 참 활달했습니다. 그런데 조선시대에 유교가 국가이념으로 자리 잡으면서 가부장적인 나라가 되었지요. 이전까지는 자유로웠던 여성의 많은 권리가 사라겼어요. 자기를 표현할 수 있는 사회적 기회도 그만큼 줄어들었고요. 하지만 가정 안에서 아이를 키우는 일만큼은 실질적인 주도권을 쥐고 있었어요. 특히 아들을 낳아 그 아들이 커서 벼슬이라도 하게 되면 아버지 못지않은 대우를 받았습니다. 즉 아이의 성공이 여자로서 삶의 성공이 된 것입니다. 하지만 아이가 성공하기까지 어머니는 많은 희생과 노력, 남들이 알아주지 않는 시간을 홀로 겪어야 했어요."

조선시대와 비교하면 말로 다 설명할 수 없을 만큼 세상은 변했다. 이제 아이의 성공이 곧 내 성공이고, 아이가 성공해야 내가 대접받는다는 구시대적인 생각에서 벗어나야 한다.

열등감은 부모가 풀어야 할 숙제

인간의 행복에 관해 20년을 연구한 긍정심리학자 소냐 류보머스키 (Sonja Lyubomirsky)는 저서 《how to happy》에서 합격, 승진, 집 마련, 성적 같은 성취를 통한 행복감은 인간의 마음에서 두 달 이상을 끌지 못한다고 했다. 그다음부터는 다시 일상이 될 뿐이다. 그녀는 20년 연구 끝에 행복을 이렇게 규정했다. '인간의 행복은 스스로 행복하기를 결심하고 일상에서 그 행복을 찾으려는 사람의 것이고, 행복은 큰 데서 오지 않고 소소한 일상과 곁에 있는 사람과의 관계에서 찾을 수 있다.'

요즘 젊은 엄마들을 만나보면 종종 이런 말을 한다.

"직장에서 명문대 나온 사람들이 아무래도 승진도 잘 되고 회사의 중요한 역할을 맡게 되더라고요."

"동창들을 보니까 좋은 대학 나온 애들이 결국은 잘 풀리더라고요."

"명문대 나와서 떵떵거리며 사는 사람들 보니까 내 자신이 초라하게 느껴지더라고요. 우리 애들에게만은 그런 기분을 물려주고 싶지 않아요."

부모는 내 아이가 남들보다 경제적으로 풍요로운 삶을 살며 인생에서 고통받지 않았으면 하는 마음에 아이를 다그친다. 그런데 사실 이런 마음에는 아이를 위해서라기보다는 삶의 회한을 자식을 통해 보상받고자 하는 심리가 깔려 있다. 이런 열등감은 부모 자신이 풀어야 할 숙제이다.

사춘기 아이 문제 때문에 상담소를 찾았다가 엄마 자신이 풀어야 할 숙제와 마주하게 되는 경우가 많다. 나보다 잘살기를 바라는 마음에서 아이를 닦달하고 힘들게 했다는 고백은 내 삶의 풀지 못한 숙제 때문에 아이를 희생시켰다는 말과 다름이 아닌지 한번쯤 생각해봐야 한다.

부모라는 권력을
악용하는 부모

학교폭력 가해자로 상담을 받게 된 현수는 아주 어릴 때부터 아빠의 폭력에 시달렸다. 잦은 부부싸움은 언제나 아빠가 엄마를 일방적으로 때리는 것으로 끝났다. 아빠를 말리다가 현수 역시 심하게 얻어맞기 일쑤였다. 아빠는 왕이었고 말을 듣지 않는 것은 아빠에 대한 도전이었기 때문에 가족은 폭력의 희생양이 될 수밖에 없었다. 사춘기가 되면서 현수는 모든 문제를 폭력으로 해결했다. 화가 나면 친구들을 사정없이 두들겨 패는 바람에 학교에서 문제아로 낙인찍히게 되었다.

　부모효율성 프로그램(Parent Effectiveness Training, PET)으로 유명한 토머스 고든(Thomas Gordon)은 엄격한 통제의 위험성에 대하여 다음과 같이 경고하였다.

"말을 잘 듣도록 훈련받은 아이들은 겁에 질려 있거나 소심해지거나 불안해질 수 있고, 때로는 훈련시킨 사람에게 적대적으로 돌변하여 보복하려 들 수도 있고, 어려운 일이나 하고 싶지 않은 행동을 억지로 익히는 과정에서 육체적 정신적으로 무너져 내릴 수도 있다. 힘의 행사는 많은 부작용을 가져올 수 있다. 힘을 주로 사용하는 부모는 사실상 아이에 대한 영향력을 점차 상실하게 된다. 권력은 의식적, 무의식적 저항을 불러일으키기 때문이다."

독재적이고 권위적인 부모들은 '내가 곧 법이다'를 모토로 해서 자녀의 몸과 마음의 독립을 허용하지 않는다. 복종과 순종만이 중요한 가치이다. 무조건 규칙을 따라야만 한다고 강요하고 엄격하고 처벌적인 태도로 자녀를 대한다. 이들은 어른의 권위를 앞세우기 때문에 자녀의 욕구보다는 자신의 욕구를 우선적으로 생각한다. 독재적인 부모가 자녀를 위압하는 원천은 바로 '힘'이기 때문에 자녀가 부모 말을 듣지 않고 반항할 때는 힘을 이용해서 처벌한다. 하지만 힘으로 얻은 권력은 힘에 의해 무너진다.

왕처럼 군림하는 아버지

우리나라는 전통적인 가부장제도 속에서 남자의 권위를 세워주는 풍습을 오랜 기간 유지해왔다. 그래서인지 아직도 마치 왕처럼 군림하며 아내와 자식 모두에게 순종을 요구하는 아빠들이 많이 있다. 자신의 말을 어길 경우 가장의 권위에 대한 도전으로 받아들이고 무소불위의 독재권력을 휘두른다.

초등학교 4학년인 성우는 조그만 일에도 화를 잘 내고 학교에서 친구를 때리는 행동도 서슴지 않았다. 상담실에서 만난 성우는 불만을 토로했다. "우리집은 아빠 말이 곧 법이고 진리예요. 아빠가 기분이 안 좋으면 방이 조금만 지저분해도 불호령이 떨어지고 애들 교육 잘못했다고 엄마한테 난리를 쳐요. 그러면 엄마는 우리를 혼내시는데 맏이인 제가 제일 크게 혼이 나요. 제가 뭐라고 하면 버르장머리없는 행동이라고 야단치면서 소리를 지르세요."

독재권력을 지나치게 휘두르는 부모는 자기 생각에 아이가 당연히 따라와야 한다고 여기며, 그렇지 않으면 좌절감과 상실감을 느낀다. 이 좌절감과 상실감은 주로 '화'로 표현된다.

현준이가 상담실을 방문한 것은 진로에 대한 고민 때문이었다. 초등학교 때부터 운동을 좋아해서 축구를 했는데 중간에 그만뒀다가 최근에 다시 본격적으로 해보고 싶은 마음이 생겼다고 했다. 그런데 상담을 진행하면서 현준이의 진짜 고민은 진로가 아니라 부모와 소통 부족으로 인한 가출충동이라는 것을 알게 되었다.

현준이 부모님은 "네가 하는 일이 그렇지 뭐", "뭐 하나 제대로 하는 게 있어야지"라며 대놓고 현준이를 무시하고 비난했다. 상처받은 현준이는 자존감이 매우 낮은 상태였고 자아상도 부정적이었다. "제가 무가치하게 느껴져요. 아무도 제 얘기는 들으려 하지 않아요. 집에서는 아빠가 왕이에요. 다음은 엄마, 그다음은 누나. 나는 집에서 뭐하나 싶어요."

현준이의 집은 유난히 집안의 서열이 강한 분위기였고, 네 살 터울의 누나 역시 현준이를 무시하며 궂은 심부름까지 모두 떠넘기는 상황이었다. 하지만 아랫사람은 무조건 윗사람의 말을 듣는다는 분위기가 워낙 강하다 보니 현준이는 반항조차 못하고 그저 집에서 있는 듯 없는 듯 하루하루를 보내고 있었다.

부모의 네 가지 양육태도

노스캐롤라이나 대학의 데일 슝크(Dale Schunk) 교수와 그의 동료가 부모의 양육 태도를 네 가지로 구분한 것은 우리의 교육 현실에 시사하는 바가 크다. 양육 태도를 나누는 기준은 부모가 자녀를 얼마나 통제하는지, 자녀의 요구에 얼마나 잘 반응하는지, 개방적 의사소통을 얼마나 잘하는지, 얼마나 정성을 들여 양육하는지 등이다.

첫째 유형은 '무조건 통제형의 독재적인 부모'다. 이들은 엄격한 규칙과 규율을 정해서 자녀가 무조건 따르도록 한다. 부모가 정한 규칙에 대해서 아이들이 의견을 말하는 것은 허용되지 않는다. 이들은 아이들이 결정한 것에 대해서 자주 개입하고 명령이나 비난을 거침없이 쏟아낸다. 극단적인 경우에 독재적인 부모들은 육체적이나 감정적 학대를 통해서라도 자녀를 통제하려고 한다.

둘째 유형은 '대화형의 믿음직한 부모'다. 이들은 개방적이고 민주적인 태도로 아이들과 의사소통하며, 아이들의 자율성을 높여주는 가정 환경을 제공한다. 아이의 고민이나 감정적 변화를 잘 알고 있으며 적절하게 반응한다. 그리고 아이에게 어떠한 행동도 강요하지 않는다. 믿음직한 부모는 무엇보다도 아이들이 자신의 행동을 주도해갈 수 있도록 도와준다.

셋째 유형은 '아이들의 눈치를 살피는 자유방임형의 부모'다. 이들은 자녀에게 매우 따뜻하지만 제대로 규율을 설정하지 않는다. 아이들은 자신이 하고 싶은 대로 하며, 부모가 세워놓은 규칙이 일관성 있게 작동하지 못한다. 부모와의 관계에서 아이들은 항상 우위에 있다. 부모는 아이와 갈등이 생길 것 같으면 가르치기보다는 피하려고 한다. 어린 자녀가 식당이나 백화점에서 마음대로 행동해도, "아이를 기죽게 해서는 안 된다"면서 내버려두는 부모는 아이가 성장한 다음에도 내내 자녀의 눈치를 보며 끌려다니게 된다.

넷째 유형은 '포기형의 무관심한 부모'다. 포기형 부모는 정서적으로 자녀와 거리를 두고 있다. 이들은 자녀의 생활에 아예 관심이 없다. 자녀에게 무엇을 요구하지 않으며, 또한 자녀의 요구에 반응하지도 않는다. 이들은 아이들에게 지극히 무심하다. 극단적인 경우에는 자녀를 철저히 무시하기도 한다.

많은 연구에 따르면 위의 네 가지 유형 중에서 두 번째인 '대화형의 믿음직한 부모'가 교육적으로 가장 바람직하다. 스탠포드 대학의 돈부쉬(Dornbush)와 그의 동료도 미국의 6개 고등학교 학생 7,836명을 대상으로 실시한 연구를 통해 대화형 부모의 자녀는 다른 아이들보다 감정 처리도 잘하고, 친구들과 잘 지내며, 성적도 좋으며 학습에 대한 흥미가 높다는 결과를 보고했다. 반면 통제형 부모처럼 규율을 세운 이유도 설명해주지 않으면서 아이에게 무조건 따르라고 지시하거나, 자유방임형 부모처럼 원칙을 밀고 나가지도 못하면서 아이들에게 끌려다니면 학습에 대한 흥미는 도리어 떨어졌다.

자녀가 어릴 때는 부모가 자녀보다 큰 힘을 가지고 있고 아이의 생존권을 쥐고 있다. 따라서 힘의 균형이 깨지기 전까지 아이는 부모에게 의존할 수밖에 없다. 하지만 자녀가 성장해서 사춘기에 접어들면 힘이 점점 커지게 되므로 부모의 물리적인 영향력은 점점 작아진다. 이때부터 아이들은 부모에게서 보고 배운 방식을 그대로 답습한다.

독재적인 부모 밑에서 자란 아이들은 눈치를 보고 자기표현을 하지 못한다. 표현되지 못하고 내면에 쌓인 욕구는 적대감과 공격성으로 발달하게 된다. 이 아이들이 성장해서 십대가 되고 신체적으로 힘이 세지면 자신을 때린 부모에게 대들고 공격적으로 돌변한다. 또한, 자신보다 약한 대상을 괴롭히거나 잔인하게 학대하면서 물리적인 힘을 과시하려고 한다. 이러한 심리로 인해 강자에게는 복종적인 태도를 취하지만, 약자에게는 억눌린 분노와 감정을 표출해 공격적인 태도를 보인다. 어른들 세계의 힘의 논리가 자녀에게 주입된 결과이다.

십대들은 부모와의 의사소통을 통해 자신을 표현하고 타인과 교감하는 법을 배운다. 부모와 소통하지 못한 아이는 사회성 발달에 문제가 생길 수밖에 없다. 아이가 어릴 때는 부모가 끌어주는 역할이 클 수밖에 없다. 그러나 아이가 자라면서 부모는 점점 뒤에서 밀어주는 보조자 역할로 역할을 바꾸어야 한다. 혹시 자신이 독재자형 부모가 아닌지 의심스럽다면 아이와 대화하는 시간을 더 늘려보자. 그래서 아이가 그동안 하지 못했던 생각과 감정을 표현하고 털어놓을 수 있도록 해야 한다. 부모의 권위가 적절할 때 가족이라는 울타리는 평화롭게 유지될 수 있다.

사춘기 아이가 가장 상처받는 말 best 10

언어는 존재를 담는 그릇이라고 했다. 말은 그 사람의 인격과 됨됨이를 드러내고 생각을 표현하는 가장 강력한 수단이다. 아이가 사춘기에 접어들면 혼자 있는 시간이 늘어나면서 부모 자녀 간의 대화가 줄어든다. 어쩌다 대화하게 되어도 감정만 상한 채 본전도 못 건지는 사태가 빈번하게 생긴다. 왜 이런 일이 생기는 걸까?

아이들과 상담하다 보면 부모가 자신의 마음을 몰라줘서 대화가 안 된다고 얘기하는 아이들이 많다. 부모의 말에 상처받은 경험 때문에 대화하기가 싫다고 하는 아이들도 많다. 부모는 누구보다 자식을 사랑하고 그 사랑이 온전히 전달되기를 바란다. 그런데 아이들이 체감하는 사랑의 온도는 싸늘하기만 하다. 사랑의 전달매체인 말이 잘못되었기 때문이다. 부모가 어떤 말을 하느냐에 따라 아이는 달라진다. 먼저 아이가 상처받는 말부터 알아보고, 대화법을 바꿔나가자.

■ 존재를 부정하는 말

아이들은 존재를 부정당할 때 가장 큰 마음의 상처를 입는다. "내가 널 낳고 미역국을 먹었다니, 차라리 널 낳지 말았어야 했는데." "자식이 아니라 웬수야." 이런 말은 아이의 자존감에 심각한 상처를 입히고 평생 아이의 가슴을 공허하게 만든다.

② 외모를 지적하는 말

사회의 미적 기준에 매우 민감한 시기에 부모가 쉽게 던진 말은 아이에게 트라우마가 되기도 한다. "그렇게 먹으니 살이 찌지." "누굴 닮아 피부가 그 모양이니?" 사춘기는 정체감을 형성하는 시기로, 이 정체감에는 신체 이미지도 포함되기 때문에 이런 말은 그대로 아이들의 정체감이 된다. 늘어난 몸무게만큼 마음의 짐이 크고 무거운 아이에게 외모 지적은 상처에 소금 뿌리는 격이 될 수 있다. 부모가 먼저 외모가 아닌 장점이나 성격으로 인정하고 받아줄 때 아이들도 모든 생명을 그 자체로 소중하게 대해야 함을 알게 된다.

③ 공부하라는 말

학년이 높아질수록 엄마들이 가장 하는 말이 "숙제는 했니?", "공부는 안 하니?", "그렇게 공부를 못해서 뭐가 될래!"라는 말이다. 아이들은 공부가 주는 혜택이나 이점에 대해서는 잘 모른다. 무조건 공부하라고 얘기하는 대신 더 좋은 기회를 얻기 위해서 공부가 필요하다는 것을 알려주어야 한다. 지금 당장은 공부가 힘겹고 의미 없어 보이지만 적금처럼 필요할 때 꺼내서 쓸 수 있는 것이라는 것을 아이들이 이해하게 되면 더 이상 공부하라는 말을 잔소리로만 여기지는 않을 것이다.

4 비교하는 말

옆집 아이, 형제자매, 친척 등과 비교당할 때 아이들은 상처를 입는다. 아이가 자극을 받아서 더 잘하라는 취지로 한 얘기겠지만, 부모의 바람과 달리 아이들의 의욕은 오히려 꺾여버린다. 다소 부족해 보일지라도 지금 내 아이의 모습으로 미래를 단정 짓지 말자. 부족한 부분에 집중하다 보면 남과 비교하게 되고, 비교에 눈이 멀면 내 아이가 가진 고유한 특성과 장점을 보지 못하게 된다. 비교는 아이의 자존감에 상처를 주고 부모가 원하는 결과도 얻을 수 없는 어리석은 짓이다.

5 무시하는 말

"너는 아무짝에도 쓸모가 없어", "잘하는 게 하나도 없어" 같은 말은 아이들이 가지고 있는 무궁무진한 가능성을 한방에 무너뜨리는 말이다. 부모에게 무시당한 아이들은 학교에서도, 나아가 사회에서도 제대로 대접받지 못한다. 아이들에게 펼쳐진 긍정적인 미래를 믿고 끝까지 응원해주어야 한다. 부모의 믿음대로 잘 자라서 자신의 인생을 적극적으로 꾸려갈 것이라는 확신을 가져야 한다. 자녀에게는 '부모의 믿음'이라는 보양식이 꼭 필요하다.

6 형(오빠)이니까, 누나(언니)니까

첫째 아이는 둘째가 태어나면서 엄청난 스트레스를 받게 된다. 형이니까, 언니니까 당연히 해야 한다고 얘기하지만, 큰아이도 아직 어리기 때문에 잘 받아들이지 못한다. 아이들 모두가 각자의 자리에서 책임을 다할 수 있도록 지도하는 것이 바람직하다. 쓸데없는 말로 형제간의 우애를 상하게 하는 일이 없도록 하자.

☑ 배우자를 험담하는 말

아이 앞에서 배우자 혹은 배우자의 가족에 대한 험담은 금물이다. 아이 입장에서는 엄마 아빠 모두가 소중한 존재이다. 그런데 부모가 서로 험담하기 시작하면 아이는 무의식적으로 부모를 무시하게 되고, 한편으로는 그런 마음을 갖게 된 자신에 대해 죄책감을 가진다. 가정의 서열은 무너지고 가족 간의 유대감 또한 기대할 수 없게 된다.

☑ 욕

화를 내고 욕을 할 때 만들어지는 갈색의 침전물을 모아 쥐에게 주사했더니 쥐가 죽었다는 연구결과가 있을 정도로 욕은 독성이 강하다. 욕은 다른 단어들보다 4배나 강하게 뇌에 기억되며, 분노와 공포 등을 느끼는 '감정의 뇌'를 강하게 자극하고 '이성의 뇌'의 활동을 막는다. 아이에게 욕을 하는 것은 강한 독을 내뿜는 행위와 다를 바 없다.

☑ 자녀를 포기하는 말

"싹이 노랗네", "어디서 저런 놈이 나왔는지 모르겠다", "네가 그렇지 별수 있겠어" 등 자녀를 포기하는 말을 자주 하게 되면 아이들은 시작도 전에 포기하는 법부터 배우게 된다. 또 부모 말대로 진짜로 싹이 노랗고 별 볼 일 없는 사람이 된다. 아무리 화가 나도 절대 해서는 안 되는 말이 자녀를 포기하는 말이다.

🔟 감정을 무시하는 말

"별일도 아닌 걸 가지고 왜 호들갑이야." 아이가 감정의 소용돌이에 휘말려 있을 때 부모가 해야 할 일은 감정에 공감해주는 것이다. 부모가 보기에는 별일 아닌 것 같아도 아이는 심리적으로 매우 힘든 상황일 수 있다. 감정을 무시당한 아이는 자기의 감정이 중요하지 않다고 느끼게 되고 나아가서는 자신의 존재마저도 부정하게 된다. 반면에 부모가 아이의 감정을 받아주면 화난 감정이 안전하게 표출되어 분노와 질투, 죄책감과 같은 부정적인 감정이 마법처럼 사라지는 효과가 있다. 감정을 충분히 공감받은 아이는 합리적인 생각과 판단으로 문제를 해결하고자 하는 의지가 생긴다.

chapter 4

부모의 자존감이
아이의 자존감이
된다

좋은 부모가
되고 싶었는데

"4, 5학년이 되어도 별문제 없었어요. 성실하고 학교생활도 모범적으로 잘해서 기대가 컸어요. 그런데 6학년이 되면서 아이가 갑자기 변했어요. 중학교 진학도 준비해야 하니까 학원을 좀 늘리긴 했지만 저만 그런 건 아니잖아요? 그런데 기말고사에서 성적이 갑자기 떨어졌어요. 저도 그랬지만 특히 남편이 난리가 났어요. 이대로 방치하면 큰일 난다면서 아이한테 좀 심하게 했어요. 그때부터 조금씩 달라진 것 같아요. 말수가 줄어들고 집에선 대화를 아예 안 하려고 해요. 친구들과 어울리는 시간도 부쩍 늘어나면서 제가 뭘 물어도 대답도 제대로 안 하더라고요. 속이 타서 아이를 닦달했더니 집안이 점점 시끄러워지기 시작했어요. 공부보다도 진짜 걱정되는 건, 어느 날 저와 승강이를 벌이다가 아이가 집안에 있는 물건을 부수기 시작했는데 그때 눈빛이 너무 무서웠어요. 정말 이러다가 부모도 치겠다는 생각이 들더라고요. 남편 성격을 아니까 남편한테는 말도 못했어요. 혹시라도 아이가 무슨 일을 저지를 것만 같아 너무 불안해요."

"아이 행동 하나하나가 다 눈에 거슬려요. 요즘 같이 좋은 세상에 공부만 하면 될 텐데 무슨 불만이 그렇게 많은지 얼굴은 매일 부어 있고 저와는 아예 말도 안 하려고 해요. 여자아이가 어찌나 지저분한지 방은 쓰레기장을 방불케 하고, 그렇게 지저분한 책상에서 도대체 무슨 공부를 한다는 건지 한심해죽겠어요. 저는 어렸을 때 가정형편이 어려워서 공부를 하고 싶어도 못했어요. 그게 한이 돼서 아이한테만은 최고의 환경을 만들어주고 싶어서 잘 가르친다는 학원도 알아보고 소문난 과외 선생님도 연결시켜줬는데, 꿈쩍도 안 하고 허구한 날 스마트폰만 들고 앉아 있어요. 정말 속이 터져 미치겠어요."

"결혼하고 나서 시어머니와의 갈등이 시작됐어요. 매사에 잔소리하고 사사건건 트집을 잡으시니 시어머니만 오신다 하면 가슴이 쿵쾅거릴 정도였어요. 남편이라도 제 편이 되어주면 좋을 텐데 '앞으로 사시면 얼마나 사시겠어. 웬만하면 당신이 이해하고 넘어가'라는 말만 해요. 그런데 큰애가 시어머니와 똑같이 생겼어요. 그래서인지 어릴 때부터 아이한테 정이 안 갔어요. 옆에 오는 것도 반갑지 않아서 별로 안아주지도 않았어요. 둘째 애한테는 살갑게 대했지만 큰애한테는 그게 잘 안 됐어요. 사춘기가 되기 전까지는 제 행동이 아이한테 어떤 영향을 미쳤는지 잘 몰랐어요. 그런데 아이가 점점 이상하다는 생각이 들기 시작했어요. 동생을 때리고 괴롭히기 시작했어요. 이유를 물어봐도 묵묵부답으로 일관하고 저에 대한 마음의 문을 닫기 시작했어요. 담임 선생님 말씀으로는 학교에서도 표정이 어둡고 우울해 보인다고 해요. 성적도 점점 떨어져요. 아이한테 물어보면 '나 같은 애가 공부는 해서 뭐해?'라고 대답합니다. 선생님, 다 제 잘못인 거죠? 시간을 되돌릴 수만 있다면 아이한테 사과하고 다시 시작하고 싶은데 어떻게 하면 좋을까요?"

아이 키우는 게 힘든 부모들

아이를 키우는 일만큼 보람되고 행복한 일이 어디 있느냐고 얘기하지만, 돌이켜 생각해보면 행복한 기억보다는 힘들고 고생스러웠던 기억이 훨씬 더 많다. 산후조리원을 나설 때의 그 막막함이란 엄마들이라면 모두 알 것이다. 아이와 온전히 24시간을 붙어 지내야 한다는 것은 결코 쉬운 일이 아니다. 게다가 아이는 말이 통하는 상대가 아니고 애초에 대화와 타협이 불가능한 상대다. 언제 무슨 일이 생길지 모르기 때문에 엄마는 24시간이 사실상 비상대기조나 마찬가지다. 자식이 아니라면 아마 짐을 싸도 수십 번은 더 쌌을 것이다.

육체적으로 고생스러운 유아동기가 지나면 마음이 힘든 사춘기가 떡하니 버티고 있다. 산 넘어 산이라는 말은 이럴 때 쓰는 말일 것이다. 사춘기라는 거대한 파도 앞에서 아이와 싸우다가 지친 부모는 좌절하고 쓰러지기도 한다. 특히 유아동기에 자녀와의 관계 탑을 제대로 쌓아놓지 않은 부모라면 더더욱 고통스러운 시간을 보내게 된다.

부모라면 누구나 아이를 행복하게 해주고 싶다. 소리치고 화내면서 아이를 괴롭히고 싶은 부모는 없다. 교육적인 목적으로 아이를 야단쳤다면 부모로서 마땅히 해야 할 정상적인 화의 범주에 든다. 그리고 화를 내도 마음이 크게 괴롭지 않다. 하지만 아이에게 화를 냈던 상황을 곰곰이 되짚어보면 떳떳하지 못한 상황이 분명 있을 것이다. 그래서 도를 넘어서는 화를 내고 나면 심한 죄책감이 들어 괴로운 마음으로 힘든 시간을 보낸다.

마음이 괴로운 이유는 아이 때문이 아니라 내 상황이 개입되어 있기 때문이다. 시작은 아이의 행동 때문이었지만 나의 내면에 자리하고 있던 불안과 화가 주범일 수 있다. 그것들이 엉켜서 폭발적인 스트레스가 되어 화로 분출된 것이다. 아이가 과거 해결되지 않은 상처를 건드리게 되면 이성을 잃고 부모로서의 역할이 흔들리고 만다.

폭발하는 부모, 엇나가는 아이

영준이 아빠는 영준이가 고집을 피우거나 자신의 말을 거역할 때면 불같이 화를 내면서 분노를 폭발했다. 한바탕 난리를 치고 나면 마음이 혼란스럽고 상처받은 아이를 보며 죄책감에 시달렸다. 자신의 이런 행동이 후회스럽고 부끄러워서 고치려고 했지만 생각처럼 잘되지 않았다.

영준이 아빠는 왜 이런 행동을 반복하게 된 걸까? 영준이 할아버지는 거의 매일 술을 먹고 행패를 부렸다. 아이들을 앉혀놓고 온갖 잔소리를 하고 비난을 퍼부었다. 사소한 실수도 찾아내서 닦달하며 매를 들기도 했다. 영준이 아빠는 아버지의 이런 예측 불가능한 행동으로 인해 유년시절 내내 불안감에 시달려야 했다. 부모가 된 후 자녀가 사소한 고집을 피우거나 자신의 말을 거부한다고 느끼면 어린 시절 거부당하고 억압되었던 기억이 떠올랐다. 그러면 순식간에 이성을 잃었고, 그 분노는 고스란히 아이에게 돌아갔다.

부모의 이러한 행동이 반복되면, 아이는 자신이 어떤 행동을 하면 아빠가 어떻게 반응한다는 예상이 자꾸만 빗나가는 경험을 하게 되어 혼란에 빠지게 된다. 정서적 안정과 편안함의 원천이었던 부모가 순식간에 공포의 근원이 되고 말았으니 아이는 마음 둘 곳을 잃어버리게 된다.

부모는 대개 자녀에게 화를 냈다면 화의 근원이 아이라고 생각한다. 영준이 아빠처럼 술주정하는 아버지와 내 아이와의 관계를 연결시키지 못한다. 그러나 전혀 다른 시공간의 경험이 연결되어 있음을 인식해야 변화는 일어날 수 있다. 자기이해는 심리적 안정감을 주고 변화를 위한 용기를 준다. 아이에게 화를 내는 근원을 찾으려고 노력할 때 죄책감과 수치심을 넘어설 수 있다.

내가 아이를 사랑하지 않아서도 아니고, 성격이상자여서 그런 것도 아니다. '화'는 어린 시절 무시당하고 거부당한 불안과 두려움에서 벗어나서 살아남고자 한 방법이었다. 어른이 되었어도 어린 시절 부모와의 관계 속에서 경험했던 어떤 사건들은 그대로 남아서 현재의 상태를 좌지우지할 수 있다. 이런 강박들은 평상시에는 큰 문제로 드러나지 않지만 중요한 사람, 즉 배우자나 자녀 문제에서 위력을 발휘한다. 따라서 아이의 행동에 무리하게 화가 난다면 자신의 내적 경험에 관심을 기울일 필요가 있다.

우리는 누구나 좋은 부모를 꿈꾼다. 좋은 부모가 되는 첫걸음은 제대로 된 나를 찾아가는 것이다. 그러기 위해서는 내가 어떤 부모인지, 내 부모는 어떤 사람이었는지, 내 어린 시절의 경험은 어떤 빛깔로 남아 내게 영향을 주고 있는지 이해하는 시간이 필요하다.

나는 내 아이가
원하는 부모인가

"나는 어떤 부모가 되고 싶고, 내 아이가 원하는 부모는 어떤 부모인가?"

상담을 하다 보면 자신의 모습은 보지 못하고 아이 탓만 하는 부모를 자주 보게 된다. 자신은 최선을 다했는데 아이가 따라와 주지 않는다고 하소연한다. 한 여학생의 엄마는 자신이 아이를 위해 얼마나 헌신했는지 장시간에 걸쳐 얘기했다. 하지만 정작 아이는 엄마와의 소통 부재로 힘들어하고 있었으며 스무 살이 되면 독립해서 혼자 사는 것이 꿈이었다. 아이가 원하는 부모와 현실의 부모 모습 사이에 큰 간극이 있었다.

아이를 낳고 키우게 되면 누구나 좋은 부모를 꿈꾼다. 아이와 대화가 잘 통하는 친구 같은 부모, 인생을 이끌어주는 멘토로서의 역할을 충실히 해내는 멋진 부모가 되기를 원한다. 하지만 현실은 이상과 다르다.

아이가 십대에 접어들고 사춘기의 방황이 시작되면 서로 대립각을 세우고 으르렁거리는 상황이 온다. 그럴 때면 부모 역할에 회의가 밀려오고 과연 내가 부모 자격이 있는지 자괴감에 빠지기도 한다.

아이가 커서 부모를 어떤 모습으로 기억할지는 전적으로 부모에게 달려 있다. 아이가 성장하는 동안 보여준 부모의 행동과 태도가 아이의 마음속 깊이 각인되어 부모에 대한 이미지를 결정하기 때문이다. 사랑하는 자녀를 위해 부모가 많은 것을 희생하는 것은 사실이지만, 무엇을 희생하고 있는지 한번 생각해봐야 한다.

"선생님, 저는 커서 절대 결혼은 하지 않을 거예요. 부모면 자식을 마음대로 해도 되는 건가요? 우리 부모님은 저를 가만히 놔두지 못해요. 사사건건 간섭하고 비난하고. 우리 엄마 아빠 같은 부모가 될까 두려워요."

부모에 대한 원망을 쏟아내며 결혼에 대한 장밋빛 환상을 비웃던 어느 여학생이 생각난다.

부모와 자식은 서로 비추는 거울과 같다. 부모는 자식을 통해, 자식은 부모를 통해 자신의 모습을 깨닫고 영향을 미친다. 내 아이가 완벽한 자녀가 아닌 것처럼 우리 역시 완벽한 부모가 아니다. 아이에게 원하는 모습이 있으면 부모부터 그런 태도와 모습을 보여주어야 한다. 부모가 가고자 하는 길과 아이가 원하는 부모의 길, 그 두 길이 만나는 곳이 바로 십대 부모가 서 있어야 할 자리이다.

자녀가 대화를 거부하는 이유

아이가 자라면서 부모의 역할도 변해야 한다. 아이들은 부모의 보호를 받아야만 살아갈 수 있는 미완의 존재로 태어나 독립된 인격체로 성장할 때까지 여러 단계를 거치면서 발달해간다. 사춘기는 부모 자녀가 상호 의존하는 시기로, 서로의 변화된 역학관계를 수용해야 한다. 사춘기는 아이만의 신념과 가치관이 형성되는 시기이므로 이전과는 다른 부모 자녀 관계를 정립해야 한다. 자녀가 부모로부터 정서적으로 독립할 수 있도록 도와주고 자녀의 변화를 받아들이는 자세가 필요하다.

그러면 내 아이가 원하는 부모가 되기 위해서 어떤 노력을 기울여야 할까? 사춘기는 정체성을 확립하고 부모로부터 독립을 준비하는 시기이다. 자녀를 믿고 실수를 허용하고 기다려줄 때 아이는 독립된 개체로 설 수 있다. 간섭과 관심은 차이가 매우 크다. 아이에게 관심을 갖는다는 것은 아이를 지켜보면서 기다려주는 것이다. 하지만 대부분 부모는 기다려주는 데 익숙하지 못하다. 자기도 모르게 간섭하고 통제하려 한다. 간섭은 시행착오의 기회를 주지 않는다. 안 된다고 하면서 안전한 둥지에만 잡아두려고 해서는 안 된다. 아이는 서툰 몸짓에도 아낌없이 격려해주는 부모를 원한다.

아이가 사춘기에 접어들면 대화가 안 된다고 토로하는 부모들이 많다. 부모 말은 잔소리로 여기고 들으려고 하지 않는 아이들 때문에 속을 끓인다. 하지만 부모만 답답한 게 아니다. 아이들 얘기를 들어보면 부모와 대화하고 소통하기를 원하지만 대화 자체가 안 된다고 말한다.

부모가 하고 싶은 말만 일방적으로 전달하고, 막상 고민을 얘기하면 공감은커녕 가르치려고만 해서 짜증이 난다고 한다.

입장을 바꿔서 한번 생각해보자. 직장에서 속상한 일이 생겼을 때 내 마음은 몰라주고 잘못만 지적하면서 가르치려고 드는 상사가 있다면 그 사람하고 계속 대화하고 싶을까? 아이들도 마찬가지다. 자신이 이해받고 공감받는다고 느낄 때 마음을 열고 깊은 대화가 가능해진다. 잘잘못만 따져서 가르치려고 하지 말고 아이 마음속 폭풍을 먼저 받아주고 감싸주는 것이 소통의 지름길이다. 긴 시간 훈육하고 가르치는 것보다 한순간 아이 마음을 읽어주는 것이 자녀의 마음을 여는 마법의 열쇠다.

행복을 물려주는 부모

부부가 살다 보면 의견대립이 생기고 싸울 수도 있다. 이런 갈등이 생겼을 때 현명하게 대처해서 아이에게 불안의 씨앗을 심어주는 일이 생기지 않도록 해야 한다. 부부싸움이 잦아지면 집안은 폭풍전야처럼 불안에 휩싸인다. 이 불안은 아이들에게로 그대로 옮겨간다. 언제 터질지 모르는 뇌관 속에서 아이들이 안정적으로 성장하기를 바라는 것은 욕심이다.

행복한 부모의 모습을 봐야 아이들도 행복을 꿈꾼다. 자라서 가정을 이룬 뒤에도 자신의 부모가 그랬던 것처럼 행복한 부모가 될 수 있다. 아이들은 부모에게서 성격과 두뇌만 물려받는 것이 아니다. 행복도 함께 물려받는다.

사춘기 아이들과 부모는 매일이 전쟁이다. 부모는 달라진 아이의 태도에 위기의식을 느끼며 버릇을 고치려고 조급해한다. 부모도, 아이도 행복하지 않다. 하지만 부모와 아이의 갈등은 냉혹한 승부게임이 아니다. 의견차이가 생기더라도 이기려고 하기보다는 먼저 아이의 말에 귀를 기울이는 자세가 필요하다. 짧은 시간이라도 아이와 정서적인 몰입을 경험하며 온전히 사랑을 나누면 아이는 사랑받고 있다고 느낀다. 부모가 자신을 지지하고 사랑한다고 느끼면 아이는 긍정적인 자아상을 만들어가고 부모가 바라는 건강한 모습으로 성장해간다. 아이들이 커서 나를 어떤 부모로 기억할지 생각해볼 타이밍이다.

빚보다 무서운
불행의 대물림

결혼 후 처음으로 남편과 부딪친 것은 어이없게도 치약 때문이었다. 시댁식구들과 남편은 치약을 아랫부분부터 위로 가지런히 짜서 쓰는 반면, 나는 아래든 위든 상관하지 않고 손 닿는 대로 짜서 썼다. 그런 내게 남편은 잔소리하며 화를 냈고, 우리는 그날 처음으로 부부싸움이란 걸 하게 되었다. 작은 습관의 차이에서 비롯된 싸움이었지만 그 이면에는 서로 다른 가족문화의 충돌이 있었다.

남녀는 백지상태에서 결혼생활을 시작하는 것이 아니다. 각 배우자는 그것이 좋은 것이든 불행의 씨앗이든 이전 세대 가족의 경험과 문화를 고스란히 가지고 온다. 자신이 자라고 뿌리내린 가족의 전통과 문화로부터 결코 자유로울 수 없다. 어린 시절 불행한 가족관계를 경험한 사람은 자신도 모르는 사이에 같은 불행을 되풀이한다. 좋은 아버지, 좋은 어머니의 역할모델이 없기 때문이다. 또 의식적으로는 불행한 가족 관계에서 벗어나려고 애를 쓰지만, 자석에 끌리듯 무의식적으로 불행을 반복한다.

이처럼 과거는 현재 개인의 삶에 큰 영향을 미친다. 어린 시절의 상처로 트라우마가 있는 경우 아무리 좋은 배우자, 좋은 부모가 되고자 해도 가족에게 상처를 줄 수 있다. 이 경우 상처 주는 자신을 발견하고 죄책감에 사로잡혀 절망하거나 우울해하지만 쉽게 이 패턴에서 빠져나오지 못한다. 가족치료사 보스조르메니 나지(Ivan Boszormenyi-Nagy)는 "마치 한 건물의 회전문을 통과하듯이 가족은 세대 전수를 통해 비슷한 삶을 살아간다"고 했다.

학대받고 자란 경우 잘못된 행동인 줄 알면서도 학대를 되풀이하는 이유는 무엇일까? 역설적이게도 그러한 경험을 한 사람은 상처받고 힘들었던 환경에 처했을 때 가장 익숙하고 편안한 감정을 느낀다고 한다. 고통스러웠던 가족관계가 주는 스트레스와 불안이 만성화되어 이런 상태에 놓여 있을 때 오히려 편안한 감정을 느낀다. 매를 기다리는 불안한 시간보다 차라리 매를 맞는 순간이 편한 것처럼, 자신이 자란 환경과 가장 유사한 환경을 추구하고 조성하게 된다. 불행을 반복하는 행동이 사실은 불행을 극복하려는 노력의 일환임을 심리학자들이 규명하였다. 이러한 본능은 어린 시절의 패턴을 반복적으로 되풀이하게 만들어 악순환의 고리가 생겨나게 한다.

대물림되는 불행한 가족사

영선이는 차갑고 냉담한 엄마 때문에 마음의 고통을 당하고 있었다. 영선이 문제로 부모상담을 하면서 영선이 엄마의 어린 시절에 대해 알게 되었다. 그녀 역시 냉담한 어머니 밑에서 정서적인 학대와 다름없는 유년을 보냈다. 어머니의 냉대와 무관심으로 상처받았던 영선이 엄마는 부모가 되면 자녀를 사랑으로 품어주리라 다짐했지만 정작 자식을 사랑하는 방법을 알지 못했다. 친정엄마와의 관계 속에서 사랑하는 법, 정서적 유대감을 형성하는 방법을 배우지 못했기 때문이었다.

어린 시절 상처받은 기억은 미혼일 때는 삶에 큰 영향을 주지 않고 불편 없이 살 수 있다. 하지만 부모가 되어 같은 상황에 직면하게 되면 그 상처가 깨어난다. 관심받지 못하고 무시당했던 일, 학대받은 경험, 분하고 억울했던 기억들이 어제 일처럼 생생하게 눈앞에 펼쳐진다.

어린 시절 해소되지 않았던 분노와 화를 아이에게 푸는 과정에서 상처받은 아이는 부모가 된 지금의 내 모습과 겹쳐지기도 한다. 속수무책으로 당하는 아이의 모습이 어린 시절의 내 모습인 것만 같아 안쓰럽고, 이런 행동을 하는 자신이 한심하고 미워지기도 한다. 한편으로는 당하고만 있는 아이가 기억하고 싶지 않은 내 모습인 것 같아 싫어지기도 한다. 이렇게 어린 시절의 트라우마는 아이를 있는 그대로 바라보지 못하게 하고 현재의 상황을 왜곡되게 한다.

진욱이는 졸업 후 거의 10년 만에 상담실로 나를 찾아왔다. 진욱이는 고3이 거의 끝나갈 무렵 여자친구 문제로 상담에 의뢰된 학생이었다.

여자친구에 대한 지나친 집착으로 사귀는 사람마다 힘들게 했고, 여자친구와 헤어지면 심하게 방황해서 학교생활이 힘들어질 정도였다. 진욱이가 이렇게 된 원인에는 부모의 부재가 있었다. 진욱이 부모는 진욱이가 어렸을 때 이혼해서 진욱이는 엄마 얼굴도 모르는 상태였고 아빠와의 관계도 소원했다.

진욱이는 이제 잘 지내고 있을까? 다행히 진욱이는 좋은 사람을 만나 결혼한 지 2년이 되었다고 했다. 그러나 아직도 아내가 자기 곁을 떠날지 모른다는 불안감에 시달린다고 했다. 아내가 여행을 가거나 친정 나들이만 가도 돌아오지 않을 것 같은 불안감에 안절부절못하고 아내에게 빨리 오라고 성화를 하다 보니 몇 번 부부싸움도 했다고 한다. 진욱이는 자신이 왜 그런지 알고 있고 자제하려고 노력하고 있지만, 마음속 깊이 심어진 불안감은 쉽게 해소되지 않고 있었다.

어떻게 하면 불행의 대물림을 끊을 수 있을까?

정신과의사 머레이 보웬(Murray Bowen)은 문제에 직면한 사람들은 어린 시절의 가족을 객관적으로 살펴볼 필요가 있다고 말한다. 그리고 불행의 패턴을 똑바로 바라보는 용기가 필요하다. 자신 안에 존재하는 상처받은 내면아이의 존재를 인정하고 보듬어주어야 한다. 상처와 불행의 치료는 오직 직면을 통해서만 가능하다.

어린 시절로 돌아가 당시 자신이 느꼈던 분노, 수치심, 억울함, 불안과 직면해야 한다. 어린 시절의 탐색 작업을 통해 상처받은 내면아이와 대화를 시도하고, 내면아이가 불행을 반복하는 패턴에서 벗어나도록 말을 걸어야 한다. 내 안에 억압된 감정과 욕구를 인식하고, 해결되지 못한 욕구와 감정을 있는 그대로 수용하고 공감해주어야 한다.

자신의 결혼생활이 부모의 결혼생활을 그대로 재현하고 있는 느낌을 받은 적이 있는지, 부모가 한 그대로 자녀에게 반복하고 있지는 않은지 되돌아보아야 한다. 이런 과정을 통해 배우자와 자녀에게 자신이 어린 시절 느꼈던 불안과 고통을 고스란히 대물림하고 있음을 깨달아야 한다. 적극적으로 치유하지 않는다면 가족의 불행한 역사는 내 아이에게도 되풀이될 수 있다.

불행의 쳇바퀴에서 벗어나기 위해서 이제는 새로운 선택을 해야 한다. 우리 부모 세대에는 부모 역할에 대한 인식도 부족했고 그것을 바로잡는 방법을 배울 기회도 없었다. 하지만 지금은 아니다. 자신의 의지에 따라 과거를 새롭게 해석하고 현 상황을 이해해서 변화하면 불행의 대물림을 끊을 수 있다. 새로운 선택은 온전히 부모인 자신이 선택해야 할 몫이다. 불행을 대물림할 것인가, 행복을 대물림할 것인가는 당신이 선택할 수 있다.

문제가족 안에는 희생양 자녀 있다

성호는 초등학교 5학년이 되면서 갑자기 성적이 떨어졌다. 친구들과 어울리는 시간이 많아지면서 사고를 치고 부모 속을 썩이기 시작했다. 아이의 갑작스러운 변화에 당황한 성호 엄마는 고심 끝에 상담실을 찾아왔다. 성호 엄마는 아이의 일탈에 대해 도대체 이유를 모르겠다며 답답해했다. 상담결과 성호의 방황은 부모님의 이혼위기 이후로 시작되었다.

성호가 초등학교 4학년 무렵, 부부관계에 문제가 생겼고 화가 난 성호 엄마는 홧김에 이혼하려고 서류를 준비했다. 화장대 위에 올려둔 이혼서류를 성호가 보게 되었고, 그날 이후 성호는 공부에 관심을 잃고 방황을 시작했다. 그런데 아이가 문제를 일으키자 부부가 아이 문제로 대화를 나누기 시작하면서 부부갈등은 수면 밑으로 가라앉게 되었다.

아이들에게 부모의 이혼은 충격 그 자체다. 성호는 부모가 이혼할지 모른다는 불안을 '화'로 표출하고 있었다. 내면의 불안에 대해 생각하지 않고 일탈행동만을 문제 삼는다면 아이의 변화를 이해할 수 없다.

미진이는 공부를 열심히 하는 모범적인 학생이었다. 하지만 표정이 늘 어두워 상담실로 아이를 불렀다.

"미진아, 혹시 무슨 걱정거리가 있니?"

"사실은 부모님이 이혼하실까 봐 무서워요. 저 때문인 것 같아요. 제가 공부를 더 열심히 해야 했는데……."

이성적인 사고력과 판단력이 부족한 아이들은 부모의 이혼에 직면하게 되면 부모의 갈등이 자기 때문에 일어났다고 자책한다. 자신이 '못되고 나쁜 아이'라서 부모님이 이혼한다고 생각해서 스스로 낙인찍은 대로 살기도 한다. 문제를 일으킨다고 아이를 닦달하고 야단치기 전에 문제행동의 원인이 무엇인지 가족 시스템적인 관점에서 찾아야 한다. 문제라고 생각했던 성호는 사실상 부부갈등의 희생양이었고, 미진이 역시 부부갈등이 자신 때문이라고 자책하고 있었다.

프랑스의 문화연구가인 르네 지나르(Rene Girard)는 신화와 설화에 대한 분석을 통해 인간이 직면한 문제를 해결하는 가장 원초적인 수단이 바로 '희생양 메커니즘'이라는 사실을 밝혔다. 한 사회 안에서 갈등상황이 발생했을 때 가장 적은 대가를 치르면서 일시적이지만 가장 큰 효과를 낼 수 있는 대응책은 일부 소수자 혹은 개인에게 그 책임을 전가하는 것이다. 책임자로 지목된 사람에게 증오와 분노 그리고 적대감을 터트리게 함으로써 혼란과 갈등을 무마하고 일시적으로 질서를 찾는 방식이다. 유럽 역사에서 있었던 유대인 박해나 마녀사냥은 사회가 처한 위기와 문제를 해결하기 위해 희생양 메커니즘이 작용된 사례라는 것이 그의 분석이다.

그에 따르면 희생양 메커니즘은 인류의 시작부터 기능하였으며 모든 문화와 시대를 초월한 위기 대처방식이었다. 지나르가 밝힌 희생양 메커니즘은 국가나 사회나 같은 커다란 집단에만 존재하는 것이 아니라, 가장 작은 사회단위인 가족 내에서도 존재한다.

아이에게 정해진 역할이 있진 않은가?

미영이는 중학교 때까지 1등을 도맡아 할 정도로 성적이 우수한 학생이었다. 그런데 고등학생이 되면서 점점 성적이 떨어지더니 폭식과 거식을 반복하며 무기력한 학교생활을 이어갔다. 상담을 통해 아이의 상태가 심각함을 알게 된 담임교사가 미영이를 상담실로 데리고 왔다. 미영이 부모님은 부부갈등이 심각한 상태여서 부부싸움으로 집안이 하루도 조용할 날이 없었다. 날이 갈수록 심각해져 가는 갈등을 지켜보며 미영이는 부모님이 덜컥 이혼이라도 할까 봐 불안한 날을 보내고 있었다. 공부라도 잘해서 부모님을 기쁘게 해드리면 부모님이 헤어지는 일은 없을 것이라고 생각했지만 모범생 역할은 생각만큼 쉬운 게 아니었다. 점점 지쳐가던 미영이는 어느 날부터 먹은 음식을 토하고 음식을 먹지 못하는 거식증 증세를 보이기 시작했다.

거식증 연구의 선구자는 이탈리아의 정신과 전문의이자 가족치료사인 셀비니 팔라촐리(Mara Selvini Palazzoli)다. 그는 거식증의 원인이 가족에게 있으며 거식증은 병든 가족이 전하는 간절한 메시지라고 확신하게 되었다. 특정한 신체증상은 쉬고 싶은 간절한 욕구의 표현일 수도 있고, 자신을 위한 공간과 배려에 대한 욕구일 수도 있다. 부부 사이에 갈등이 있을 때 자녀가 문제행동을 하고 거식증과 폭식증 같은 식이장애를 일으키는 것은 이와 같은 이유에서다.

거식증에 걸리는 사람은 반항적이거나 공격적인 성향으로 주변 사람을 힘들게 하는 유형이 아니다. 오히려 주위 사람들을 생각해서 문제를 일으키지 않으려 하고 싫은 소리도 못하는 순한 유형의 사람들이다. 이런 순한 아이들이 거식증에 걸리는 이유는 가족이 불화와 갈등에 빠질 경우 자신이 완충제 역할을 해서 문제를 해결하려는 중재자 역할을 자처하기 때문이다. 가족의 문제를 해결하기 위해 애를 쓰다가 어느 순간 지쳐서 나가떨어지는 것이다.

미영이 엄마는 부부갈등으로 몸과 마음이 힘들어지자 수시로 병원을 들락거리게 되었다. 진단결과 큰 병이 없는데도 자주 입원과 퇴원을 반복하며 아이들에게 병약한 모습을 보여주었다. 미영이는 엄마의 이런 모습이 불안했고, 언제 엄마가 세상을 떠날지도 모른다는 두려움 때문에 가정에서 엄마의 역할까지 떠안게 되었다.

미영이 엄마의 내면을 살펴보면, 병을 무기로 가족을 통제하고 지배하려는 욕구가 숨어 있다. 불안과 절망, 과도한 책임감으로 사실 아이의 마음에는 관심이 없고 책임으로부터 도피하려는 욕구가 병을 만들고 있었다. 이런 상황에서 어떤 인정도 받지 못한 채 희생양이 된 아이들에게 나타나는 증상이 거식증과 폭식증이다. 아이는 식이장애라는 신체증상을 통해 가족에게 자신의 아픔을 호소하고 있었다. 미영이를 위해서는 부부관계가 먼저 바뀌어야 한다. 뒤늦게 이 사실을 알게 된 미영이 부모님은 문제의 원인이 자신들에게 있음을 인식하고 변화를 위해 지난하지만 의미 있는 노력을 시작했다.

사람이 음식을 먹는다는 것은 주변사물과 대상 심리적 환경 등에 대한 동의 및 수용의 의미를 담고 있다. 스트레스 상황에 직면하거나 걱정거리가 생기면 제일 먼저 밥맛이 떨어진다. 시험에 떨어지거나 삶의 좌절과 고통을 경험하게 되면 밥맛이 떨어지는 것도 일시적이지만 삶에 대한 거부감의 표현이다. 즉 거식증은 자신을 둘러싼 삶과 환경에 대한 강력한 '거부'의 의미를 담고 있다. 스트레스가 된 심리적 환경 자체를 받아들이기 어렵다는 상징적 의미를 '음식 거부'라는 정신 신체적 증상으로 표출하는 것이다.

거식증은 자유의지와 욕구표현이 방해를 받게 되면 그 불편감을 몸으로 호소하는 증상이다. 미영이의 경우처럼 거식증 환자 중에는 겉으로 보기엔 공부도 잘하고 매우 모범적인 경우가 많다. 이런 아이들은 어려서부터 모범적인 생활을 하며 지나치게 부모나 선생님의 기대에 부응하고 주변을 편하게 해주어야 한다는 강박에 스스로 자신을 불편하게 만든다. 이런 상태가 지속되면 무의식에서는 기본적인 욕구에 대한 억압이 진행될 수밖에 없다.

어릴 때부터 이런 방식에 익숙해진 사람들은 그렇지 않은 상황을 위험하게 인식해서 이 상태에서 빠져나오기가 쉽지 않다. 욕구를 제대로 표출해본 적이 없기 때문에 다시 자신을 억압하는 불안한 상태로 돌아가는 악순환이 반복된다. 그리고 더는 이렇게 살 수 없다는 마음의 한 계점에 도달했을 때 음식 거부라는 새로운 형태의 자기표현방식과 자기보호방식을 택하게 되는 것이다. 내면에 자리한 자신의 욕구를 이해하고 밖으로 끄집어내야만 증상을 호전시킬 수 있다.

아이의 문제행동은 가족의 위기상황을 알리는 신호

예은이는 상담실에서 고민을 털어놓았다. 예은이 엄마는 활동적인 성격으로 가정보다는 바깥에서 활동하는 것을 좋아했다. 그러다 보니 모임이 잦았고, 모임으로 엄마가 늦게 오는 날이면 예은이가 어린 동생들을 챙겨야 했다. 부부관계가 좋지 않았던 예은이 엄마는 바깥으로 돌며 외도까지 하게 되어 결국은 이혼에 이르게 되었다.

엄마에 대한 배신감과 분노로 힘들었던 예은이는 폭식으로 스트레스를 풀었다. 폭식 후에는 살이 찌면 여성으로서의 매력이 떨어지고 남자친구에게 버림받을 거라는 두려움에 떨었다. 그런 상황이 화가 나서 다시 폭식하게 되고, 먹고 나면 후회하기를 반복했다. 그러자 아예 먹은 것을 토하기에 이르렀다.

겉으로 드러난 문제의 이면에는 엄마에 대한 배신과 분노가 자리하고 있었다. 무의식적으로는 엄마에 대한 분노와 실망감이 더 큰 상처이지만, 자기방어적 차원에서 진짜 원인은 감추고 표면적인 살찌는 것에 대한 두려움만 표현한다. 물론 잘못된 다이어트로 거식증에 걸리거나 살찌는 것에 대한 극도의 불안감을 호소하는 경우도 있다. 하지만 내면을 더 심층적으로 들여다보면 살찌는 것에 대한 두려움은 표현적인 이유에 불과할 때가 많다.

학부모 상담을 통해 전문병원으로 연계해서 심층적인 치료를 받도록 하자 예은이의 증상은 조금씩 호전되었다. 자녀는 자녀일 뿐, 부모의 대리역할을 하게 해서는 안 된다. 가족관계에서 각자가 맡아야 할 역할 이상을 하려고 할 때 문제는 커진다. 부모는 부모로서, 자녀는 자녀로서의 역할을 인식하고 그 이상은 내려놓아야 가족의 긍정적인 변화가 시작된다.

영국의 정신과의사이자 심리학자인 존 하웰스(John Howells)는 "가족은 환자를 돕는 사람들이 아니라 가족 자체가 바로 환자이며, 증상을 가진 가족 구성원은 그 가족의 역기능과 병리를 드러내는 역할을 한다"고 했다. 아이의 문제행동은 가족의 위기상황을 알리는 신호일 수 있다. 따라서 자녀의 문제를 가족시스템 전체로 확장해서 볼 줄 아는 넓은 시야가 필요하다.

상처를 들여다보고 치유하는 작업

상담실에서 만났던 아이들의 부모 중에는 성장 과정에서 거의 학대에 가까운 대우를 받으며 자란 경우도 있었다. 하지만 이들은 대부분 이렇게 말한다.

"부모님도 매우 힘드셨을 거예요. 그때는 살기 힘들었잖아요."

"제가 맞을 만해서 맞은 거예요. 엄하게 키우신 덕분에 이렇게 밥벌이라도 하고 살잖아요."

어렸을 때는 부모가 틀렸다거나 잘못했다는 생각을 하지 않는다. 하지만 성장하면서 불현듯 부모의 좋지 않은 면을 보게 되고, 세상에는 다양한 부모 유형이 있음을 알게 된다. 그런데 자식을 위해 희생하고 헌신한 내 부모를 다른 부모와 비교하는 것 자체가 죄책감을 불러온다.

학부모들에게 부모님이 어떤 분이셨냐고 물어보면 기억이 잘 나지 않는다고 하는 사람들이 많은 것은 이 같은 이유에서다. 하지만 부모가 자신들의 부모 모습을 살펴봐야 하는 데는 나름의 이유가 있다. 그들이 어떤 사람이었는지가 중요한 것이 아니라 그들이 내 안에 심어놓은 경험의 뿌리를 이해하기 위해서다.

사람은 부모가 나를 대하는 모습을 통해 세상과 나에 대한 기본적인 상을 정립한다. 아무리 부정하려고 해도 부모는 내 뿌리이고, 엄마의 반쪽과 아빠의 반쪽이 결국은 내 모습이다. 부모를 비난하고 원망하려는 것이 아니다. 내가 알고 있는 부모의 모습이 전부도 아닐 것이다. 그러므로 이런 성찰에 대해 죄책감을 가질 필요는 없다. 다만 내가 어떻게 성장했고 어떤 과정을 겪으며 성인으로 커왔는지 객관적으로 살펴봄으로써 내 아이를 대하는 모습을 성찰해보고자 함이다. 이런 과정을 통해 어떨 때 아이의 행동을 참지 못하는지 알게 되고 내가 왜 그렇게 행동했는지 이해할 수 있다.

나를 객관적으로 살펴보기

나는 평소 자기주장이 강하고 잘난 체하는 사람을 굉장히 싫어했다. 처음에는 그 사실조차 인식하지 못했다. 내가 싫어하는 그 사람을 다른 사람들도 당연히 싫어할 거라고 생각했기 때문이었다. 하지만 그렇지 않다는 사실을 알게 되어 상당한 충격에 빠진 적이 있다. 친정엄마는 고집이 세고 자기 주장이 매우 강한 분이셨다. 자식이 자신의 틀 밖으로 나가는 것을 용납하지 못하셨다. 그러다 보니 내 욕구는 자주 억압당했고 엄마가 하자는 대로 따라갈 수밖에 없었다. 나는 친정엄마와 비슷한 성향의 사람과 부딪치게 되면 심한 분노가 일어난다는 사실을 뒤늦게 자각하게 되었다. 어린 시절의 상황이 또다시 반복될지 모른다는 두려움에서 벗어나기 위한 내 나름의 방어기제가 '분노'였던 셈이다.

이런 상황을 통찰하지 못하면 견고하고 각진 틀로 세상을 바라보게 되어 결과적으로 대인관계에서 손해를 보게 된다. 어린 시절의 기억과 경험들이 내 안에 웅크리고 있다가 함정에 빠트리거나 발목을 잡는 일이 생기기 때문이다.

'어린 시절을 돌아보고 부모와의 관계에서 겪었던 일을 기억한다고 해서 무슨 의미가 있을까?', '내 부모도 완벽한 존재가 아니라 평범한 사람이었음을 인정한다고 해도 이미 경험한 것들은 고스란히 내 속에 남아 있는데 뭐가 달라진다는 것인가?' 이런 의문이 생길 수 있다. 과거를 재경험하는 작업을 하는 것은 '나'를 다른 각도에서 바라보기 위해서다. 그동안 문제의 근원이 '잘못된 나'에 있었다면 정확한 진단부터 시작해야 한다. 그러기 위해서는 다른 조망에서 살펴볼 필요가 있다.

나도 상담공부를 하기 전까지는 내 안의 상처를 들여다볼 줄 몰랐다. 어린 시절에 겪은 좋지 않았던 경험들은 모두 내가 모자라서, 내가 말을 안 들어서 생긴 일이라고 여겼다. 줄곧 내가 문제가 많은 사람이라고 생각하며 살아왔고, 그 때문인지 자존감은 형편없이 낮았다. 하지만 내 잘못인 줄 알았던 많은 부분이 그릇된 토대 위에서 생겼다는 것을 알게 된 이후로 변화가 생기기 시작했다. 그동안의 경험에 대해 새로운 해석을 내리고, 모든 걸 새로 알게 되는 계기가 되었다. 자신감 없고 위축된 모습에서 벗어나 당당한 나를 마주하게 되었다. 모든 것을 내 탓으로 돌리고 책임질 수 없는 것을 책임지려 했던 어리석은 태도에서 벗어남으로써 가능해진 일이었다.

경험이나 기억 자체는 물론 바꿀 수 없다. 그러나 그것에 대한 태도는 얼마든지 바꿀 수 있다. 무엇보다 부모에게서 받은 잘못된 유산을 내 아이에게 반복하는 악순환을 되풀이하지 않을 수 있다. 상처를 들여다보고 치유하는 작업이 없으면 그 상처는 여과 없이 아이들에게 이어지고 다음 세대로 전해지게 된다.

아이의 사소한 행동에도 화가 난다면

민우 엄마는 민우를 믿지 못하고 사사건건 의심했다. 밖에 나가 있을 때는 아이가 있는 장소를 사진으로 찍어서 보내라고 할 정도로 아이를 믿지 못하는 상태였다. 민우 역시 자신을 신뢰하지 않는 엄마를 믿지 못했고 힘들 때 의지할 대상으로 여기지 않았다.

민우 엄마 마음속에는 자식에 대한 믿음은 물론 사람에 대한 믿음이 부족했다. 어린 시절 믿었던 사람에게 상처를 받았거나 한 번도 누군가를 제대로 믿어본 적이 없어서 자식도 믿지 못하게 된 불안한 마음이 아이에게 투영되었다. 부모가 아이에게 정서적 안식처가 되어주지 못하면 아이는 세상을 신뢰하지 않게 되고 삶을 안전한 것으로 믿지 못하게 된다. 어린 시절 부모에게서 받은 메시지는 행동을 결정하는 초석이 되고 성인이 되어서도 여전히 유효하다. 그 메시지가 스스로에 대해 생각하는 방식을 결정하고 타인과 관계 맺는 방식에도 그대로 반영된다.

사소한 실수에도 비난하고 야단치는 부모 밑에서 자란 아이가 있다. "내 그럴 줄 알았어. 넌 제대로 하는 게 하나도 없구나." 아이는 부모의 반응에 대해 이성적으로 따질 수 없기 때문에 부모의 말은 여과 없이 아이의 마음속에 심어지고, 어른이 되면 "내가 하는 일이 늘 그렇지 뭐"와 같은 내면의 목소리가 따라다닌다. 감정과 행동을 통제하던 부모의 목소리가 내면의 목소리가 되어 성인이 된 후에도 나를 옥죄는 사슬이 되는 것이다.

아이는 어떤 행동을 한 후에 자신의 감정과 느낌을 살펴보는 것이 아니라 부모의 반응을 관찰해서 거기에 따르게 된다. 모든 판단의 근거가 '부모의 마음에 드느냐, 들지 않느냐'가 되는 것이다. 부모가 제대로 된 피드백을 주지 않으면 아이는 자신의 생각과 감정을 믿지 못하게 되고 무기력감에 빠진다.

소영이는 진로 문제로 우울하다. 소영이 아빠는 학창시절 음악을 좋아했다. 하지만 부모의 반대로 음악 대신 취업이 잘되는 공대를 가야 했고, 현재는 연구원으로 일하고 있다. 꿈을 펼치지 못한 아쉬움이 남은 소영이 아빠는 딸에게만은 재능을 꼭 살려주고 싶었다. 자신을 닮아 음악에 재능이 있는 딸을 위해 아낌없는 지원을 해주었다. 하지만 소영이는 고민에 빠졌다. 자신이 진정으로 원하는 것이 음악이 아니란 걸 알게 되면서부터였다. 아빠의 간절한 희망과 지원을 거절하기가 쉽지 않아서 진짜 마음을 숨긴 채 살아왔다. 하지만 아빠가 원하는 진로로 갈 경우 후회할 게 뻔하다는 생각이 들어 상담을 요청하게 되었다. 소영이 아빠의 경우처럼 어린 시절의 미해결된 경험은 내 아이에게 엉뚱한 방향으로 영향을 미치게 된다.

대부분 어린 시절의 상처를 대수롭지 않게 생각한다. 그러나 묻어버린 슬픔은 사라지는 것이 아니라 기회를 엿보며 의식 밖으로 뚫고 나오려고 한다. 우울이나 무기력증은 이러한 마음의 신호에 대한 반응이다. 우리는 익숙한 상황을 쉽게 포기하지 않으려 한다. 감정이라고 예외는 아니다. 자신에게 익숙한 슬픔, 익숙한 불안, 익숙한 스트레스로 돌아가려는 성질이 있다. 하지만 때로는 익숙한 것과의 결별이 필요하다. 내 속에서 소용돌이치는 감정으로 외부의 소리를 듣지 못할 때가 바로 그때이다. 아이의 사소한 행동 하나에도 미친 듯이 화가 난다면 멈추어서 자신을 돌아봐야 한다. 그래야 문제의 근원에 닿을 수 있다. 내 감정을 책임질 수 없다면 좋은 부모의 길은 요원하다.

아이는 가족관계로 세상에 대한 밑그림을 그린다

사춘기는 가족의 기능이 제대로 작동되고 있는지를 중간점검하는 시기이다. 가족이 이전 시기를 어떻게 보냈느냐에 따라 사춘기 자녀를 둔 가족의 행, 불행이 결정되기 때문이다. 중학교까지도 별문제 없이 학교에 잘 다니던 아이가 어느 날 갑자기 가출하고 말썽을 일으키면서 문제아로 변해버린 경우가 있다. 그러나 아이는 갑자기 변한 것이 아니라 가족 안에서 결핍된 욕구가 사춘기가 되면서 다양한 방식으로 표출되는 것뿐이다.

우리는 가족에 대해 모든 것을 알고 있고, 내 아이를 누구보다 잘 안다는 착각 속에 살고 있는지도 모른다. 하지만 실제로는 많은 사람이 부모나 형제, 내 자녀가 무슨 생각을 하고 어떻게 느끼는지 모르는 채 살아간다. 그러다가 촉발된 사건을 계기로 가족 내에 존재하는 문제나 소통의 단절을 경험하면 충격에 휩싸인다. 학교에서 벌어지는 집단 따돌림이나 가정폭력의 이면에는 가족 간의 소통부재라는 거대한 장애물이 버티고 있는 경우가 많다. 사춘기의 문제행동은 어느 날 갑자기 일어나는 것이 아니라 주로 어린 시절 결핍된 욕구를 채우기 위한 행동이다. 따라서 억눌린 경험이 많은 아이라면 반항의 강도가 더 심할 수밖에 없다.

가족은 아이가 태어나서 처음으로 관계를 맺는 곳이다. 가족 안에서 어떤 감정을 느끼고 어떤 경험을 하였는가는 이후 인생을 살면서 맺게 되는 수많은 대인관계의 기본적인 틀로 작용한다. 그리고 그 틀에 따라 대인관계에 대한 기본적인 믿음과 신뢰가 형성되기도 하고 불신과 원망으로 관계 맺기에 평생 어려움을 겪기도 한다.

가정이 바로 서야 하는 이유

사춘기 아이들은 의존과 독립에의 욕구 사이에서 갈등을 겪게 된다. 독립에의 욕구는 '나를 있는 그대로 인정해달라'는 표현이다. 부모에게서 벗어나려고 하고 어른들이 만든 규칙을 거부하는 것도 이 때문이다. 이 과정에서 욕구가 제대로 충족되지 못하고 부모에 의해 좌절될 경우 문제가 커지게 된다. 어른이 되어서도 남의 간섭은 무조건 받아들이기 싫어하고, 조금이라도 마음에 들지 않은 행동은 자신을 무시하는 행동으로 받아들인다.

사춘기 아이들은 독립의 욕구가 강하지만, 한편으로는 부모와 멀어질까 두렵고 사랑을 잃을까 두려운 의존의 욕구도 함께 가지고 있다. 이 욕구가 부모에 의해 어느 정도 채워지면 타인과의 관계에 있어서도 친밀감을 느끼며 좋은 관계를 유지할 수 있다. 하지만 사랑과 의존의 욕구가 제대로 채워지지 않을 경우 부모의 역할을 대신해줄 사람을 계속 찾게 되는데, 주로 배우자가 그 역할을 떠맡게 된다.

애착이론의 선구자 존 볼비(John Bowlby)는 아동기에 부모의 애정 결핍으로 고통받은 자녀가 부모가 되면 자기 자신을 결핍으로 이끌었던 상황을 똑같이 재현하는 경향을 보인다고 말한다. 어릴 적 부모에게 억눌렸던 욕구와 보상심리를 현재의 배우자와 자녀를 통해 해소하려는 경향이 있기 때문이다.

한 아이가 심한 불안증세를 호소해서 학부모 상담을 하게 되었다. 이 아이의 어머니는 따르던 아버지가 일찍 돌아가신 것이 오래도록 마음의 상처로 남아 있었다. 그래서 배우자를 고를 때 아버지처럼 자신을 사랑해줄 것 같은 자상한 성격의 현재 남편과 결혼했다. 아버지가 채워주지 못한 사랑을 남편을 통해 보상받고자 한 것이다. 그러나 그 욕구가 충족되지 못하자 배우자에 대한 실망, 불만으로 부부관계가 악화되었다.

남편은 남편일 뿐 아버지가 아니다. 배우자는 부모의 역할을 대신할 수 없다. 신혼 때는 그 요구에 어느 정도 따라줄 수 있을지 모르지만, 시간이 흐르면서 자신에게 의존하려는 배우자가 점점 힘겨워지고 지치게 된다. 부부관계에 서서히 금이 가다가 지친 배우자가 떠나게 되면 불안감, 서운함, 외로움, 우울감이 최고조에 다다른다. 결혼 전 가족관계에서의 경험이 결혼 후 가족관계에서도 그대로 재연되는 것이다. 가족의 역기능, 폭력, 학대, 방임, 중독 등을 고스란히 가져와서 악순환의 고리를 되풀이하게 된다.

자신의 뿌리가 된 원가족으로부터 누구도 자유로울 수 없다. 따라서 부모의 역할은 아이의 의존욕구와 독립에의 욕구를 잘 채워주고, 진정한 어른으로 세상에 내보내는 것이다. 가정의 각 구성원이 자신의 역할을 충실히 해서 가정이 바로 서야 하는 이유가 여기에 있다.

겉으로 보기에 행복하고 평온해 보이는 가족이지만 속을 들여다보면 실망스러울 때가 있다. 가족구성원 한 사람의 일방적인 희생으로 아슬아슬하게 가정이 유지되고 있는가 하면, 실질적으로는 이혼의 위기에 놓여 있지만 남의 이목이 두려워 잉꼬부부를 연기하는 가정도 있다. 이같은 경우 그 구성원들은 마음의 병을 앓으며 고통의 시간을 보내게 된다. 이런 가정에서 자란 아이들은 여러 가지 문제를 겪게 되고, 이 문제들은 사회의 건강까지 위협하는 지경에 이르게 된다.

사회 발달은 가정에도 영향을 미쳐 전통적인 가치관만으로는 더 이상 가족을 유지하는 게 힘들어지고 있다. 어른 입장에서는 요즘 아이들이 버릇없고 자기만 아는 이기적인 모습으로 비치고, 젊은이들은 고집세고 고리타분한 말만 하는 어른들이 답답하기만 하다. 이처럼 한 가족 내에서도 가치관의 충돌이 일어나는데, 변화에 따라가지 못하고 자신의 고집만 내세우게 되면 심각할 경우 가정해체라는 극단적인 아픔까지 겪게 될 수 있다. 사회를 구성하는 작은 단위로 가족은 매우 중요하다. 가족이 각자의 위치에서 자신의 역할과 관계를 위해 노력할 때 단단한 결속력과 힘을 가지게 된다. 그러기 위해서는 무엇보다 그 중심에 부모가 있어야 한다.

가정은 따뜻한 쉼터가 되어야 한다

분노와 정서적 학대에 있어서 세계적 권위자인 비버리 엔젤(Beverly Engel)은 말한다.

"어린 시절 우리가 믿고 의지하는 대상인 부모의 따뜻한 포옹과 말 한마디는 상처 난 무릎에서 흐르는 피를 멈추게 한다."

사람들은 힘들고 외로울 때 자신을 위로해줄 누군가를 필요로 한다. 그 대상은 아마도 가장 가깝고 믿을 만한 사람일 것이다. 우리가 태어나서 처음으로 소속감을 느끼는 곳은 가정이다. 가족과 깊게 연결되어 정서적으로 교감하고 애착이 잘 형성되었다면 가정에서 느끼는 소속감은 사랑과 행복의 원천이 된다. 혼자가 아니고 가족이라는 든든한 보호막이 있다는 느낌은 심리적 안정감을 제공한다.

가족에게 소속되지 못하고 거부당한 경험이 많은 사람은 자존감에 상처를 입고 정체감도 혼란스러울 수 있다. 스스로 무가치하고 사랑받을 만한 존재가 못 된다고 여긴다. 이런 사람이 결혼하면 가족에게 무관심하거나 자기만 아는 이기적인 사람으로 비치는 행동을 하게 된다. 속마음과는 다르게 이렇게 행동하는 이유는 가족 속에서 관계 맺는 법을 배우지 못했기 때문이다.

불우한 환경에서, 힘든 가족관계 속에서 성장한 사람들은 가족을 돌보고 사랑을 주는 과정이 낯설고 힘들 수 있다. 그러므로 사랑을 회복하는 데 더 많은 노력이 필요하다. 어린 시절의 상처가 아물 수 있도록 자신의 감정을 돌봐야 한다. 그래야 배우자와 자녀와 건강한 관계를 맺을 수 있다.

혈연으로 맺어진, 세상에서 가장 가까운 관계인 가족이 서로 고통을 주고받는다는 사실은 가슴 아픈 일이다. 가정은 따뜻한 쉼터가 되어야 한다. 아이들이 그 안에서 소속감을 느끼고 정서적으로 안정되도록 노력을 기울여야 한다. 노력의 대가는 소중한 가족의 미래를 밝게 비춰주고, 부모와 자녀 모두를 '성장'이라는 아름다운 길로 이끌어줄 것이다.

사춘기 아이가 가장 듣고 싶은 말 best 10

부모의 말은 자녀에게 큰 영향을 미친다. 그런데 사춘기 자녀를 둔 부모들은 칭찬에 인색하다. 아이가 먼저 마음의 문을 열기 기다리기보다 부모가 먼저 따뜻한 말로 다가가야 한다. 사랑하는 아이들을 위해 말 한마디에도 사랑을 담아서 표현하는 배려가 필요하다.

1 칭찬의 말

아이가 부모에게서 듣고 싶은 말은 "잘했어, 수고했어", "넌 충분히 잘하고 있어"와 같은 칭찬의 말이다. 부모의 긍정적인 메시지에 자녀는 안도감을 느끼고 자신감을 가진다.

2 믿음의 말

질풍노도의 시기, 나조차도 나를 믿기 어려운 시기에 언제나 내 곁에서 한결같이 응원해주는 부모가 있다면 아이는 어떤 일을 하든지 든든하고 용기가 난다. "너를 믿는다"는 부모의 말 한마디는 아이가 지쳐 쓰러질 때마다 다시 일어설 힘이 되고 세상을 살아가는 든든한 자원이 된다.

③ 사과하는 말

부모도 사람이므로 실수할 수 있다. 그런데 많은 부모가 쑥스럽다거나 체면이 손상된다는 이유로 잘못을 저지르고도 사과하지 않는 경우가 많다. 사과의 말 한마디는 꽁꽁 얼어붙었던 아이 마음을 봄 눈 녹듯이 녹이는 마법과도 같다. 또한 잘못했을 때 사과하는 부모를 보며 아이는 자신의 잘못을 솔직하게 인정하고 사과할 줄 아는 반듯한 성인으로 성장한다.

④ 인정하는 말

"엄마, 아빠 딸(아들)로 태어나 줘서 고맙다." 존재를 부정하는 말만큼 큰 상처를 주는 것이 없는 반면, 존재를 인정받는 것만큼 큰 위안이고 행복인 것도 없다. '~해서 너를 사랑한다'는 조건부 사랑이 아니라, 존재 자체만으로 보석보다 더 귀하다는 사실을 말해준다면 아이는 행복하고 자존감 높은 아이로 성장할 것이다.

⑤ 과정을 칭찬하는 말

성장 과정 중에 있는 아이들은 실수가 잦을 수밖에 없다. 비록 결과는 좋지 않더라도 과정을 칭찬해주고 격려가 담긴 말을 해주는 것이 아이의 자존감에 상처를 주지 않는 방법이다. 단, 무엇이 잘못되었는지 명확히 짚어주고 넘어가는 것은 자녀의 발전에 도움이 된다. 그렇지 않고 대충 다음 기회에 잘하면 된다고만 얘기하면 아이는 다음에도 별다른 노력을 기울이지 않게 된다. 실수와 실패를 통해 아이가 성장하느냐 주저앉느냐는 부모의 말 한마디에 달려 있다.

6 응원의 말

이제 겨우 십대에 접어든 아이들은 부모가 보기에는 부족하고 모자란 것투성이다. 그 짧은 경험과 지식에 의존해서 한 선택은 아무리 고민했어도 부모의 기대치에는 못 미친다. 부모 눈에는 이해할 수 없는 선택일지라도 자녀로서는 최선의 선택일 수 있으므로 아이를 인정하고 응원해주어야 한다. "우리 아들(딸) 다 컸네." 다 컸다는 것은 단순히 신체적인 것을 넘어 정신적으로도 성숙하고 어른스러워졌다는 것을 의미한다. 부모의 인정을 받은 아이는 마음과 몸이 한층 더 성숙해진다.

7 기다려주는 말

믿고 기다려주는 부모의 말은 자녀의 호기심을 자극하고 더 큰 과제에 도전하게끔 하는 데 큰 영향을 끼친다. 사사건건 아이를 믿지 못하고 간섭하게 되면 아이도 자신을 믿지 못하는 마음이 생겨 새로운 일에 도전하는 일을 포기하고 만다. 자녀가 무언가를 호기심 있게 관찰하거나 도전했을 때 섣부르게 간섭하기보다는 아이를 믿고 기다려주자.

8 지지의 말

"엄마 아빠는 네 편이야." 세상에 누군가가 자기편이 되어준다는 것은 아이들에게 심리적 안정감을 제공한다. 그리고 말로 표현할 때 아이는 엄마 아빠의 마음을 뚜렷하게 느낄 수 있다. 이 표현을 기회가 될 때마다 꾸준히 해주면, 아이의 정서는 안정되고 부모에 대한 믿음도 커진다. 부모의 든든한 믿음을 기반으로 아이는 세상에 당당하게 도전장을 던지고 큰 목표를 향해 나아간다.

9 위로의 말

사춘기 아이들은 힘들다. 학업 스트레스가 만만치 않고 질풍노도의 시기를 지나느라 몸도 마음도 지쳐 있다. "힘들지?" 하고 부모가 공감하고 되받아서 표현해주면 아이는 자신의 감정을 잘 인식하게 되고 부모의 무한한 사랑도 느끼게 된다. 감정을 충분히 공감 받은 아이는 자신의 감정을 잘 처리하고 타인의 감정도 예민하게 살필 줄 안다. 아이가 지치고 힘들 때마다 편안히 쉴 수 있는 마음의 안식처가 되어주어야 할 사람은 언제나 부모다.

10 사랑의 말

"사랑한다"는 말 속에는 자녀에 대한 부모의 모든 마음이 담겨 있다. 사랑한다는 말은 너무 당연하고 흔해서 곧잘 생략되기도 한다. 하지만 그래서 더욱 신경 써야 하는 말이다. 사랑이란 마음으로 느끼는 것이지만 표현할 때 부모의 애정과 믿음도 더 잘 전달된다. 아이가 잠자리에 들 때, 방과 후 집으로 돌아왔을 때 사랑한다고 표현해보는 건 어떨까?

chapter 5

초등 4학년,
내 아이를 위한
진로 설계법

하고 싶은 것도,
되고 싶은 것도 없는 아이

아이들은 곧 우리의 미래이고, 아이들이 행복해야 미래도 밝다. 하지만 성적을 구심점으로 삼아 외롭고 치열하게 돌고 있는 아이들에게서 희망을 발견하기란 낙타가 바늘구멍을 통과하는 것만큼이나 어려운 일이다.

30명의 아이가 있다면 이 30명의 아이는 각자 고유의 기질과 성격이 있고 가치관과 삶의 프레임도 모두 다르다. 하지만 한국의 교육 현실은 이런 모든 것을 깡그리 부정한다. 30명의 아이는 각자의 본성대로 고유의 궤도를 따라 자유롭게 도는 팽이가 되지 못한 채 서로 부딪치고 상처받으면서 힘겹게 돌고 있다.

무기력하고 우울한 아이들

초등학교 6학년인 하영이는 성적은 상위권이다. 하지만 학급에서 소위 짱이라는 아이와 어울리며 입술을 틴트로 붉게 물들이고 다녔다. 수업시간에 고대기로 머리를 말다가 담임교사의 지적을 받는가 하면, 친구들이 싸우면 말리기는커녕 싸움을 부추겼고, 교사에게 대들다가 수업시간에 제멋대로 자리를 이탈하곤 했다. 청소시간에 늦었다고 남학생의 뺨을 때리는 등 충동적인 행동도 서슴지 않았다. 상담결과 하영이는 1학년 때부터 과도한 방과 후 수업에 시달렸으며, 수준에 맞지 않는 영어학원에서 수업을 따라가느라 지치고 힘든 상태임이 드러났다. 부모의 과도한 교육열이 기분에 따라 롤러코스터를 타는 제멋대로의 아이로 만든 주범이었다.

초등학교 5학년인 지연이는 수줍은 미소가 예쁜 아이였다. 지연이는 상담실에서 엄마의 통제적인 양육방식과 공부에 대한 압박으로 힘들다고 털어놓았다. 나는 지연이 엄마를 만나보았다.

"저는 지연이만 보면 속에서 불이 납니다. 무슨 애가 하고 싶은 것도 없고 꿈도 없다고 하니 기가 막혀서 죽을 지경이에요. 형편이 어려워도 모든 걸 맞춰주고 지원해주고 있는데, 얘는 아무 생각이 없는 것 같아서 정말 답답합니다. 저는 이렇게 속을 태우는데 지연이는 어찌 저리도 천하태평인지. 어떻게 하면 공부를 좀 시킬 수 있을까요?"

부모는 언제나 현실을 탓한다. 아이 사정은 알지만 현실이 이러니까 언제까지 기다려줄 수 없다고 한다. 이런 부모의 마음 깊은 곳에는 남과 다른 선택을 하거나 남들이 하는 만큼 하지 않으면 뒤처질 거라는 불안이 자리하고 있다. 아이에게 맡겨두기엔 부모가 여유가 없고 불안하다. 하지만 강요된 선택은 불협화음을 일으킬 수밖에 없다. 부모가 자녀의 진로문제에 어느 정도 개입해야 하는 건 맞지만, 진로를 대신 결정해서는 안 된다. 부모의 계획대로 아이가 잘 따라와 주면 좋겠지만, 인간은 그렇게 단순한 존재가 아니다. 부모의 인생이 아니라 아이의 인생이라는 것을 염두에 두고 진로를 설계해야 한다.

아이가 공부해야 하는 자신만의 이유를 찾는 것이 중요하다. 이유가 있어야 동기가 생기고, 동기가 있어야 자발적으로 공부한다. 자기주도 학습 열풍이 우리나라에도 한창이다. 하지만 어릴 때부터 선택권은 무시당한 채 주입식 교육에 내몰린 아이들이 어느 날 갑자기 자기주도적이 될 수는 없다. 이런 아이들에게 스스로 공부하고 싶은 마음이 생기길 바라는 것 자체가 어불성설일지 모른다. 이미 어른이 된 부모들은 공부가 중요하다는 것을 알지만, 미래조망 능력이 부족한 십대 아이들에게 공부는 그저 힘든 것이다.

자기주도적 학습은 말 그대로 스스로 주도적으로 학습하는 것이다. 그런데 우리의 현실에서는 자기주도적 학습을 '강요'하는 웃지 못할 일이 펼쳐진다. 그 결과 부모의 의도와는 달리 아이는 공부에서 점점 멀어지고, 부모와의 관계전선에도 일 년 내내 흐림만 지속된다.

내 아이의 진짜 꿈은 무엇일까?

어릴 때부터 총명하고 공부를 잘했던 경희의 진로는 일찌감치 의대로 정해졌다. 부모님은 경희의 의사와는 상관없이 의대 진학을 위해 각종 학원과 과외로 아이를 내몰았다. 부모의 말을 거역할 수 없었던 경희는 자신의 진짜 꿈은 감춘 채 부모의 의지대로 이리저리 끌려다녔지만 한계에 이르렀고, 결국은 공부를 포기하려는 마음까지 먹게 되었다.

"경희가 원해서 의대를 목표로 삼으신 건가요?"

"애들은 아직 어려서 잘 모르잖아요. 경험 많은 부모가 아이를 이끌어줘야 시행착오를 덜 겪죠. 의대에 들어가면 취업 걱정 안 해도 되고 경제적인 여유도 누릴 수 있으니 이만한 직업이 없잖아요. 그리고 제가 봤을 때 경희는 의사가 딱이에요."

학부모 중에는 상담실을 방문할 때 이미 마음속에 자녀에 대해 듣고 싶은 말을 정해놓고 오는 경우가 있다. 만약 전문가의 조언이 자신의 생각과 다르면 거북해하고 받아들이지 않으려고 한다. 몸이 아파 병원에 갈 때 미리 진단을 내리고 가선 안 된다. 또 진단결과가 마음에 들지 않는다고 마음대로 하면 혹독한 대가를 치를 수 있다. 의사의 처방을 얼마나 잘 따르느냐가 병을 고치는 데 있어 가장 중요하기 때문이다.

자녀의 미래와 행복을 좌우하는 진로문제에 있어서도 마찬가지다. 부모의 잣대로 마음대로 판단하는 것은 위험을 초래할 수 있다. 하고 싶은 것도, 되고 싶은 것도 없다고 모든 것을 내려놓은 경희의 진짜 꿈은 멋진 기자가 되는 것이었다.

부모가 만들어주는 동기는 가짜다

자녀와 진로문제를 의논할 때는 먼저 자녀의 의견을 물어보고 경청해야 한다. 진로를 의논할 나이가 되었다는 것은 아이 나름대로 여러 가지 경험을 하고 그 속에서 많은 것을 배웠음을 의미한다. 부모가 아이의 생각에 무조건 반대하면 아이는 진로에 대한 진지한 고민 대신 부모에 대한 분노와 화만 키우게 된다. 대화를 통해 아이는 부모와 생각의 차이를 조율하고 스스로 고민하는 시간을 가질 수 있다. 이런 과정은 어른이 되기 위해 반드시 겪어야 하는 통과의례다. 이 과정에서 아이는 불안을 견디고 선택에 책임질 줄 아는 성숙한 아이로 자란다.

아이들이 자신의 삶을 스스로 개척할 수 있도록 부모는 한 발짝 뒤로 물러나 있어야 한다. 부모의 의견을 강요하고 빨리 진로를 결정하라고 다그치는 대신, 아이들이 다양한 경험을 통해 세상을 바라보는 안목을 키울 수 있도록 해주어야 한다. "옆집 아이는 이번 시험에서 또 1등을 했다고 하네. 매일 늦게까지 공부한다더니 역시 다르긴 다르다." 부모는 동기부여 차원에서 이런 말을 하지만 아이는 비교당한 것이 속상해서 자신의 처지를 비관하게 된다. 가르치려고 하지 말고 느끼게 해주어야 한다.

부모의 가치관을 강요하게 되면 아이들은 오히려 부모의 생각과는 정반대로 가기 쉽다. 세상을 보여줄 때는 아이의 자리를 반드시 남겨두어야 한다. 어떤 꿈을 가지고, 언제 움직일지는 오로지 아이의 몫이 되어야 한다.

'내가 잘하는 것을 무엇일까?'

'나는 어떤 길로 가야 행복할까?'

목표는 갈팡질팡, 성적은 흔들흔들, 아이들은 안갯속을 헤매느라 지쳐가고 있다. 아이가 가진 가능성이라는 별을 발견해서 그 별을 이정표 삼아 잠재력을 실현할 수 있도록 도와주는 부모가 되어야 한다.

부모와 기질과 성격이 다른 아이들

세 아이를 키우면서 '한 부모 밑에서 태어나도 아이마다 타고난 기질과 성격이 이렇게 다르구나' 하고 놀랄 때가 많았다. 평소 내 아이를 세심하게 관찰해서 성향과 기질을 파악하고 있어야 한다. 일상에서 보이는 행동이나 말 속에는 아이에 대한 무한한 정보가 담겨 있다. 우리 막내는 공부 욕심이 많고 성실한 편이라서 이래라저래라 잔소리하지 않아도 알아서 잘하는 편이다. 하지만 큰아이는 기질이 자유분방하여 간섭이나 잔소리를 무척이나 싫어했다. 한창 예민한 사춘기 때에는 공부할 생각은 하지 않으면서 참견은 싫어하는 아이 때문에 무척이나 속을 끓였다.

그때 나는 큰아이와 매사에 어긋나기만 하고 사사건건 부딪치는 문제를 해결하기 위해 심리검사를 활용했다. 검사결과는 내가 생각했던 아이 모습과 한참 거리가 있었다. 심리검사를 맹신하고 아이를 일정한 틀 속에서 바라보는 오류를 범해서는 안 되겠지만, 아이를 이해하기 위한 하나의 도구로서는 충분히 의미가 있다. 심리검사 결과 큰아이는 뭔가 요구하거나 빡빡하게 시키면 더 멀리 튕겨나갈 아이란 걸 알게 되었다. 그래서 힘들더라도 기다려주기로 했다. 긴 기다림 덕분인지 아이는 많은 시행착오 끝에 결국 하고 싶은 일을 찾아서 열정적으로 자신의 삶을 가꿔가고 있다.

평범한 아이가 되려고 애쓰는 아이들

아이는 자라면서 다른 사람이 자신과 똑같지 않다는 사실을 지각하기 시작한다. 가치관도, 감정도, 관점도 다양하다는 사실을 알아차리면서 상대방의 관점에서 세상을 바라볼 수 있는 시각을 갖추게 된다. 하지만 성인이 되어도 이 사실을 잘 모르는 사람들이 많다. 특히 자녀를 양육할 때 자신과 기질이 다른 아이를 이해하고 받아들이는 데 어려움을 겪는 부모들이 많다.

연아는 얌전하고 모범적인 여학생이었다. 그러나 보기와 달리 내면에는 불안과 우울감이 있었다. 연아의 얘기를 들어보니 뜻밖에 이런 말을 했다.

"선생님, 전 엄마와 너무 안 맞아요. 초등학교 때부터 엄마와 부딪치느라 너무 힘들어서 외부 상담도 받았지만 변한 게 하나도 없어요. 엄마는 동생하고는 잘 지내시는데 나한테는 유독 화를 많이 내세요."

아이가 걱정스러워 연아 엄마와 상담을 하게 되었다.

"선생님, 연아는 정말 저와 안 맞아요. 연아 동생은 잔소리할 게 하나도 없는데 얘는 어찌된 노릇인지 하나부터 열까지 제대로 하는 게 하나도 없어요. 매번 아이와 싸우는 것도 이젠 지치네요."

규범적이고 성실한 부모는 자유분방한 기질의 아이를 이해하지 못한다. 그래서 자주 야단을 치게 되고 야단을 맞은 아이는 위축되거나 더욱 반항적으로 변한다. 아이에게 자신과 다른 대상을 받아들이게 하는 첫걸음은 부모가 먼저 자신과 다른 대상을 받아들이는 것이다. 상대의 사고방식이나 대처방식이 나와 다름을 인정하고 그 방식을 존중하면 다른 사람의 말과 행동을 이해할 수 있다. 세상에 똑같은 사람은 하나도 없다. 모두 다르다. 차이는 차이일 뿐, 틀린 것이 아니다. 부모가 먼저 그 차이를 인정하고 받아들일 때, 아이도 다양한 관점에서 열린 창으로 세상을 바라볼 수 있다.

학교에서 발생하는 집단 따돌림이나 괴롭힘에는 여러 가지 이유가 있겠지만, 그중 다른 아이들과 다르다는 이유로 따돌림을 당하는 경우도 있다. 집이 잘살아서, 너무 튀어서, 외모가 못생겨서 등등의 이유로 왕따를 당했던 아이들은 튀지 않는 평범한 아이가 되려고 애를 쓴다. 타인이 나와 다르다는 것을 수용하지 못하는 어른들의 가치관이 아이들의 세계로 고스란히 전달된 결과이다.

주변에서 아이를 잘 키웠다거나 명문대를 보낸 엄마들의 이야기를 듣게 되면 혹하게 되는 게 부모 마음이다. 당장 그 방식대로 해보자는 마음에 평소 하지 않던 행동들을 아이에게 하거나 강요한다. 아이는 부모의 이런 행동이 낯설고 어색하다. 아이의 성향을 무시한 채 무턱대고 남들이 하는 대로 따라가는 방식은 매우 위험하고 실패할 확률도 높다.

'자기'에서 멀어지면 병이 난다

활동적인 아이, 수줍은 아이, 배려심이 많은 아이, 호기심이 많은 아이, 모두 자기만의 자원을 가지고 있다. 그 자원을 꾸준히 계발해서 다이아몬드로 키우는 것이 부모의 역할이다. 하지만 우리는 남과 다르다는 사실에 지나치게 민감하게 반응한다. 특히 아이를 키우는 엄마라면 민감도가 더 클 것이다. 옆집 아이는 벌써 말을 한다는데 왜 내 아이는 아직 못하지? 옆집 아이는 글자를 다 익히고 책을 읽는다는데 내 아이는 아직 가나다도 읽지 못하니 걱정이 태산이다. 아이가 또래와 비슷하지 않으면 불안하고 걱정스럽다.

엄마들은 흔히 아이의 성격을 평가한 후 자신이 바람직하다고 생각하는 방향으로 바꾸려고 한다. 내향적인 엄마는 활동성이 높아 잠시도 가만히 있지 못하는 아이를 차분한 성격으로 바꾸려고 한다. 자신이 내향적이다 보니 아이의 활동성이 버겁게 느껴져서 자주 야단을 치게 되고 활동성을 줄이도록 지적하게 된다. 반면에 외향적인 엄마는 내향적인 아이가 걱정스럽다. 낯가림이 심하고 소심한 아이가 불안해서 견딜수 없다. 밝고 적극적인 외향적인 성향으로 변모시키기 위해 아이를 리더십 캠프에 강제로 끌고 간다. 부모의 이런 행동은 아이가 자신의 성격을 고쳐야 할 잘못된 것으로 인식하게 해서 자존감에 상처를 입힌다. 그 과정에서 장점은 묻히게 되고, 남의 옷을 입은 것 같은 느낌으로 평생을 살아가게 된다.

기질과 성격유형 이론에서는 '사람은 서로 다른 존재이기 때문에 배우고 가르치는 방법도 다르다'고 말한다. 그런데 많은 부모기 본성은 무시한 채 부모가 세워놓은 일방적인 기준에 아이를 맞추려고 한다. 흔히들 말하는 '좋은 성격'으로 바꾸려는 시도는 긍정적인 면보다는 부정적인 면에 더 집착하게 한다. 정신분석학에서는 인간은 '자기'에서 멀어지면 병이 난다고 한다. 어릴 때부터 아이가 자신을 느낄 수 없게 해놓고 심리적으로 건강하게 성장하기를 기대해서는 안 된다.

일상에서 부족하고 못마땅하게 여겼던 아이의 태도와 행동이 정말 고쳐야 할 것인지, 아니면 고유한 장점을 고쳐야 할 부정적인 성격으로 보고 있는 건 아닌지 생각해보아야 한다. 또한, 아이의 성격을 판단하는 데 부모의 성격이 영향을 미칠 수 있음도 인정해야 한다. 그런 다음 성향에 맞는 양육법에 대해 고민하고, 그에 맞는 상호작용을 해야 한다. 자녀를 꾸준히 관찰하고 살펴서 성격을 파악하고, 심리검사를 활용해서 아이의 성격 유형까지 미리 알고 있으면 자녀양육에 많은 도움이 된다.

하버드 의과대학 정신과 칼 슈왈츠(Carl schwartz) 교수는 이렇게 말했다.

"금속으로 아름다운 조각상을 만들 수 있지만, 유화를 그릴 수는 없습니다. 자신이 지닌 가능성과 차이점으로 스스로 자신을 만들어갈 수 있지만, 지니고 있지 않은 요소로 새로운 걸 만들 수는 없죠."

부모는 세상에 단 하나뿐인 존재로 자녀를 바라보아야 한다. 아이마다 타고난 기질이 있고, 어떤 기질도 긍정적인 성격의 요소가 될 수 있다. 기질과 성향에 대한 이해를 바탕으로 이에 맞는 양육 환경을 제공해줄 때 아이의 잠재력은 아름다운 빛을 발한다. 자신을 긍정하는 아이가 자존감 높은 아이로 자란다.

진짜 꿈을 찾아가는 과정이 필요하다

꿈은 인생의 방향과 목적지를 알려주는 이정표다. 캄캄한 산속에서 길을 잃거나 막막한 사막 한가운데서 어디로 가야 할지 방향을 상실했을 때 우리가 의지할 수 있는 건 밤하늘의 북극성이다. 북극성만 제대로 찾으면 자신의 현재 위치를 확인해서 앞으로 나아가야 할 방향도 정할 수 있다.

꿈도 마찬가지다. 꿈은 인간이 무언가를 하고 싶고, 어떤 사람이 되고 싶다는 강렬한 동기다. 내가 원하는 인생을 살 수 있는 방향을 알려주는 등대 역할을 한다. 꿈이 없으면 방향을 상실한 배처럼 이리저리 떠밀리다 결국엔 엉뚱한 곳에서 조난당하고 말 것이다. 그런데 요즘 하고 싶은 것도, 되고 싶은 것도 없는 아이들이 너무 많다는 것이 문제다.

십대에게 꿈이 없다는 것은 "아무것도 하고 싶지 않아요", "내 능력으로는 할 수 있는 게 아무것도 없어요", "공부도 못하는 나 같은 애가 꿈은 무슨 꿈이에요"라는 말과 동의어이다. 수업시간에 엎드려 자는 아이들은 더 이상 소수 문제아만의 이야기가 아니다. 성적만을 제일의 가치로 여기는 사회에서 학업을 따라가지 못하는 아이들은 의욕을 잃고 학창시절 내내 긴 방황의 터널을 지난다.

많은 아이가 명문고와 명문대를 거쳐 대기업에 취직하거나 의대로 진학해서 의사 되기, 공채시험을 통해 공무원 되기, 로스쿨을 거쳐 법조인 되기 등 오로지 취업을 위한 진로맵을 그대로 따라가고 있다. 진로를 선택하기 위해 자신을 성찰하고 다양한 경험과 탐색을 위한 시간은 허락되지 않는다. 오로지 취업을 위해 자신에게 맞지 않는 직업을 선택하고, 심지어 회사가 원하는 인성을 자신의 것인양 거짓으로 포장하기도 한다.

아이들에게 꿈을 물어보면 열에 아홉은 직업을 얘기한다. 꿈을 인생의 방향으로 생각하는 것이 아니라 돈을 벌기 위한 수단으로 착각하기 때문이다. 꿈은 무엇이 될 것인가보다 어떻게 살 것인가에 대한 질문으로 시작해야 한다. 직업은 꿈을 이루기 위한 도구나 수단일 뿐 목적이 되어서는 곤란하다. 그런데 많은 사람이 어떻게 살 것인가를 고민하지 않은 채 수단에만 매달리다 보니 과정은 즐기지 못하고 목적지도 없이 방황하게 된다.

공부 외에도 할 일이 많다는 것을 일깨워주어서 꿈이 없는 아이들이 꿈꿀 수 있게 해주어야 한다. 꿈은 특별한 사람만이 이룰 수 있다고 생각하는 아이에게는 구체적인 목표를 세워서 조금씩 꿈에 다가갈 수 있도록 길을 열어주어야 한다.

정해진 진로는 부작용을 낳는다

아이가 유치원이나 초등학교에 다닐 때는 대부분의 선택이 부모의 판단에 따라 이루어질 수밖에 없다. 하지만 상급학교로 갈수록 선택과 의견의 무게중심이 아이 쪽으로 옮겨가야 한다. 이때 부모와 자녀가 생각하는 진로방향이 서로 다를 경우 갈등이 시작되고, 그로 인한 고통과 상처는 회복 불가능한 상태로 흐르기도 한다.

"요즘 문과에 가면 밥 먹고 살기 힘들어. 무조건 이과로 가서 전문기술이라도 익혀야 험한 세상에서 살아남을 수 있지."

"너 정도면 의대는 충분히 갈 수 있어. 쓸데없이 딴생각하지 말고 의대 준비나 해. 나중에 엄마한테 감사하다는 말이 절로 나올 거다."

아이의 적성과 흥미와는 무관하게 부모가 판단하고 결정해서 진로를 강요하는 것은 후에 심각한 문제를 초래할 수 있다.

학창시절 전교 1, 2등을 할 정도로 공부를 잘하는 친구가 있었다. 별로 친하게 지낸 친구는 아니라서 졸업 후 의대에 진학했다는 소식만 전해 들었다. 그런데 1년 후 이 아이가 학교를 휴학하고 신경정신과 치료를 받는다는 소문을 들었다. 의대 공부가 적성에 맞지 않아서 그만두려 했지만 부모가 반대해서 여의치 않았고, 친구는 마음의 병을 얻은 후에야 학업을 중단할 수 있었다.

충분한 탐색과 아이에 대한 이해 없이 특정한 학과나 대학만을 목표로 할 경우 아이는 자신의 꿈을 포기하게 되고 인생에 대한 장밋빛 환상과 꿈도 함께 접는다. 부모들은 "현실을 무시할 수 없지 않습니까? 아무것도 모르는 아이 말만 믿고 그대로 두 손 놓고 따라가란 말씀인가요?"라고 말한다. 고속도로에서 앞, 뒤, 옆 차들이 모두 과속질주 하는 상황에서 나만 규정 속도로 달린다는 것이 쉬운 일은 아니다. 뒤처질까 불안하고 결국은 도로에서 밀려나는 상황이 발생하지 않을까 두려워 노심초사하게 된다. 소신을 가지고 자녀를 양육하는 일이 그래서 힘들다.

하지만 아이의 특성을 무시한 채 부모의 가치관을 억지로 주입하거나 강요하면 부작용이 훨씬 크다는 것을 잊어서는 안 된다. 아이는 무기력하게 부모가 이끄는 대로 끌려가는 수동적인 삶을 선택하거나 반대로 부모에게 반항하면서 소중한 삶을 낭비할지 모른다.

부모의 조급증은 개인의 문제라기보다는 사회 구조적인 문제와도 연관되어 있다. 경쟁과 성과주의 사회에서 교육 역시 왜곡될 수밖에 없다. 왜곡된 교육과 잘못된 가치관이 부모의 마음을 불안하게 하고 힘들게 한다. 결국, 악순환의 고리는 아이들을 희생양으로 해서 무한 반복되고 있다.

천천히 지켜보는 부모 되기

자녀가 행복한 꿈을 꾸길 바란다면 '빨리 꿈을 가져라'는 말부터 자제하기 바란다. 꿈이 뭐냐는 질문에 대답을 못 하는 아이를 한심하게 쳐다볼 게 아니라 아이들이 꿈에 익숙해질 동안 옆에서 지켜보면서 기다려주는 부모가 되어야 한다. 한번 정한 꿈은 고정불변의 것이 아니다. 다양한 경험을 하고 많은 사람을 만나면서 인생의 가치가 변하고 거기에 따라 꿈도 변할 수 있다. 십대 아이들이 다양한 경험을 많이 해야 하는 이유는 꿈을 구체화하기 위해서는 직접 부딪치고 경험해봐야 하기 때문이다.

아무런 정보도, 경험도 없이 막연히 기대만 해서는 꿈을 이룰 수 없다. 모르니 불안하고 그러다 보니 시작도 하지 않고 포기해버린다. 사람은 자신이 모르는 분야는 결코 선택하지 않는다. 알고 싶고, 알아야 그 속에서 의미를 발견하고 가치를 깨달을 수 있다. 가치와 의미가 결여된 꿈은 뜬구름처럼 허황하고 실체가 모호하다.

부모는 다양한 경험과 활동을 격려하여 아이가 여러 가지 선택지를 가질 수 있도록 배려해주어야 한다. 그리고 아이의 선택을 믿고 존중해야 한다. 이런 과정에서 시행착오를 겪으며 아이들은 부모의 꿈이나 강요된 가짜 꿈이 아닌, 진짜 꿈을 향해 나아간다.

꿈은 아이들만의 전유물은 아니다. 어른도 꿈꿀 수 있고 꿈을 꾸어야 한다. 나는 나이 사십이 다 되어서 교사가 되었고 작가라는 새로운 타이틀을 얻게 되었다. 그리고 또다시 새로운 꿈을 꾸고 있다. 엄마가 꿈을 꾸고 이루는 과정을 지켜본 세 아이도 저마다의 꿈을 그리며 인생에 대한 밑그림을 그리고 있다.

자녀에게만 원대한 꿈을 가지라고 강요할 게 아니라 부모도 꿈을 가지는 게 중요하다. 그리고 그 꿈을 자녀와 공유하기 바란다. 아이들은 부모도 꿈이 있다는 사실을 잘 모른다. 꿈이라는 것이 자신들만의 과제라고 여기기 때문에 부모의 꿈에 대해서는 생각을 하지 못한다. 거창한 꿈은 아닐지라도 부모가 먼저 꿈을 위해 매진하는 모습을 보여주면 아이도 자연스럽게 꿈을 꾸게 될 것이다. 오늘 당장 아이와 함께 꿈에 대해 얘기를 나눠보자. "엄마 꿈은 ○○인데 네 꿈은 뭐니?"라고 허심탄회하게 얘기할 수 있을 때 아이들은 진짜 꿈에 한 발짝 다가선다.

자녀의 진로를
디자인하는 부모는
위험하다

아이를 교육시킨다는 것이 여간 어려운 일이 아님을 학부모라면 누구나 공감할 것이다. 부모에게 많은 역할이 요구되는 대한민국의 학부모로 살아간다는 것이 그만큼 어렵고 녹록지 않다. 강남지역의 현직 초등교사로《강남엄마 7공부법》의 저자 신은정은 "각종 교육정보에 빠삭해 그것을 이용해 다른 엄마들보다 우위에 서 있는 일명 '돼지엄마'도 이길 수 없는 엄마가 바로 어떤 교육정보와 트랜드에도 흔들리지 않는 엄마들이다"라고 얘기한다.

부모는 자녀에게 무엇을 기대하기보다는 자녀가 원하는 삶이 어떤 것이고 어디에서 행복을 찾느냐에 더 큰 가치를 두어야 한다. 나는 2년 전 대학에 들어간 큰아이에게 말했다. "이제 진짜 네 인생이 시작된 걸

축하한다." 아이의 미래는 대학입학에서 끝나는 것이 아니라 그 이후가 진짜 인생이다.

일류대학만을 목표로 달려온 아이들이 대학에서 방황하는 사례가 심심찮게 생기는 이유는 대학입시가 이 아이들의 목표였기 때문이다. 목표를 잃어버린 아이들은 삶의 이정표를 상실한 채 이리저리 떠밀리는 조각배 신세를 면치 못하게 된다.

큰아이는 대학에 들어가서 동아리 활동을 하면서 자신의 적성과 흥미를 찾게 되어 아주 바쁘고 활기차게 청춘을 보내고 있다. 학창시절 진로를 찾지 못해 방황할 때도 아이의 선택을 존중했고 끝까지 기다린 덕분에 생긴 의미 있는 결과였다.

학습의 주체가 되지 못하는 아이들

둘째 아이가 고등학교에 입학하면서 바뀐 입시제도에 대한 정보가 필요하던 차에 동네 입시학원에서 학부모를 대상으로 간담회를 진행한다는 것을 알게 되었다. 마침 방학 중이라 생전 처음으로 입시학원에서 진행하는 간담회에 참석하게 되었다. 교과별로 선생님이 들어오시더니 지역 고등학교의 교육과정 분석 결과를 알려주었다.

생각했던 정보와는 거리가 있어 한 귀로 흘려 들으며 시큰둥해하던 나와는 대조적으로 필기구를 꺼내서 열심히 받아 적고 질문하는 등 엄마들의 열기는 가히 대학 강의장을 방불케 했다. 이어지는 강의에서는 교과별로 중요한 점과 그 부분을 공부하는 방법에 대해 아주 구체적이고 장황한 설명이 이어졌다. 학부모가 왜 이런 얘기를 듣고 있어야 하는지 이해가 되지 않아 나는 서둘러 강의장을 빠져나왔다.

집에 와서 아무리 생각해도 영문을 알 수 없었다. 아이들이 알아야 할 공부법을 왜 학부모에게 긴 시간을 들여 설명하는 걸까? 아이들에게 얘기해봤자 듣지 않을 것이고 부모에게 얘기해야 확실하게 전달된다고 생각한 것일까? 부모의 진두지휘하에 수동적으로 이끌려가는 아이들의 모습이 겹쳐지면서 씁쓸한 기분을 지울 수 없었다. 혹시라도 도움이 될 만한 입시정보라도 얻을 생각으로 갔던 학원설명회는 무수한 의혹만 남긴 채 소득 없이 끝났다.

많은 부모가 아이 대신 입시에 대한 정보를 알아보고 문제집을 골라주고 학원을 결정하기도 한다. 아이는 그저 엄마가 정한 대로 따르기만 한다. 아이가 학습의 주체가 되지 못할 경우 성적이 잘 나와도 아이는 그 공을 자신의 몫이라고 생각하지 못한다. 성취감도 덜하고 스스로에 대한 뿌듯한 마음도 별로 없다.

학창시절 유독 심하게 방황했던 나는 '그 시절 내 고민을 들어주고 진로에 대한 조언을 해주는 전문가가 한 사람이라도 있었더라면 시행착오를 줄일 수 있었을 텐데'라는 아쉬움이 지금까지도 남아 있다. 나를 성찰할 기회가 없었기에 부모님과 담임교사의 권유대로 적성과 무관한 이과로 갔고, 잘못된 선택은 대학으로까지 이어져 오랜 기간 방황의 길을 걸어야 했다. 당시에는 성적에 맞춘 배치표에 따라 학과를 정하고 대학을 선택하던 때라서 적성과 관심, 흥미에 대해서는 어느 누구도 관심을 가져주지 않았다. 그 탓에 대학진학 후에도 진로 고민을 하느라 많은 시간을 보내야 했고 먼 길을 돌아가느라 힘이 들 수밖에 없었다.

스스로 선택하고 결정하는 경험은 매우 중요하다. 리더십 캠프에 참여한다고 리더십이 키워지는 것이 아니고, 창의력 교실에 다닌다고 창의적인 아이가 되는 게 아니다. 다양한 경험을 하면서 생각할 시간을 가지고 스스로 선택할 기회를 갖는 것이 중요하다. 부모가 정한 틀대로 움직이는 수동적인 아이로 키우게 되면 인생의 답을 찾기 위해 평생을 방황하는 일이 생길 수 있음을 기억해야 한다.

자신의 길을 가고 싶은 아이들

준혁이는 다짜고짜 "죽고 싶다"고 했다. 왜 그러냐고 했더니 가수가 되고 싶은데 부모님이 허락을 안 해준다는 거였다. 밤낮으로 노래에 빠져 사는 준혁이가 부모 눈에는 허황한 무지개를 좇는 것으로 보였다. 한심한 눈빛으로 준혁이를 바라보는 부모님 앞에서 나 역시 당황스러운 건 마찬가지였다.

준혁이와 상담을 해보니 아이의 결심은 확고했다. 나름대로 여러 가지 정보를 찾아보았고, 제법 구체적인 계획까지 가지고 있었다. 하지만 대학 진학에 대해서는 부정적인 생각을 가지고 있었다.

"준혁아, 연예인이 되겠다고 무조건 공부를 포기하는 거야?"

"가수가 되는데 대학이 무슨 필요가 있겠어요? 시간만 낭비하는 거잖아요. 그 시간에 더 열심히 연습하는 게 나아요."

"아, 준혁이는 그렇게 생각하는구나. 그런데 예전에 유명한 연예기획사 대표가 했던 말이 생각나는데 그 사람은 연습생들에게 항상 열심히 공부하라고 한다더라. 반드시 대학에 가서 시야를 넓히라고 말이야. 연습하고 노력해서 노래에 대한 스킬을 익히는 것도 중요하지만 더 넓은 안목과 시야를 가지게 되면 더 많은 걸 볼 수 있지 않을까? 그러한 모든 것이 노래 속에 녹아들어 청중을 더 감동시킬 수 있을 것 같은데. 그 대표도 아마 이런 뜻에서 공부하라고 말한 건 아니었을까?"

내 말에 준혁이는 한참을 생각하더니 부모님과 대화를 하겠다고 했다. 준혁이가 다시 공부를 시작하는 대신 부모님은 음악학원에 보내주기로 서로 조금씩 양보했다. 그 후로 아이는 마음을 잡고 완전히 다른 태도로 학업에 열중하기 시작했고, 원하는 대학에 합격할 수 있었다.

아이들은 다른 세상을 살게 될 것이다

아이들이 살아갈 시대는 지금이 아니라 미래다. 십대인 우리 아이들이 사회의 주축이 될 미래사회는 과연 어떤 모습일까? 전문가들은 현재 직업 중에서 90%가 사라질 것으로 전망하고 있다. 미래를 보지 못하고 성적 올리기에만 급급하다 보면 아이들에게 필요한 경쟁력을 갖추기 어렵다. 미래의 관점에서 자녀교육의 방향을 잡을 수 있는 혜안이 필요하다.

아이들은 아직 세상에 대해 많은 정보를 가지고 있지 못하다. 꿈을 정하는 건 아이들의 몫이지만, 세상에 여러 가지 일과 인생이 있다고 알려주는 것은 부모의 몫이다. 단순히 정보를 전달하는데 그쳐서는 안 된다. 꿈을 구체화하고 현실로 만들어갈 수 있도록 도와주어야 한다. 막연히 의사가 되겠다고 하는 아이에게 어떤 의사가 되어서 어떤 역할을 하고 싶은지 질문을 던지기도 하고, 아이와 함께 의료봉사 활동에 참여해보는 등 하고자 하는 일을 몸으로 경험하고 접할 수 있도록 해주는 게 부모의 역할이다.

요즘 웬만한 아이들은 선행학습을 하기 때문에 늦게 시작한 아이들은 경쟁에서 밀리게 되면 흥미를 잃고 포기하기 쉽다. 하지만 자신이 무엇을 왜 공부해야 하는지에 대한 답을 찾으면 아이는 공부에 흥미를 가진다. 그러면 비록 늦게 시작해도 결과가 좋을 수밖에 없다. 편협된 시각과 틀 속에 아이를 가두지 말자. 보다 열린 마음으로 다각적인 시각에서 아이의 미래에 접근하는 지혜를 발휘하자. 부모의 불안을 아이에게 투사하게 되면 아이는 불안 때문에 공부에 집중하기 어렵다.

돌 무렵이 되면 아이들은 걸음마를 시작한다. 수십 번, 수백 번 넘어져도 부모는 그냥 내버려둔다. 반드시 거쳐야 하는 과정이고 넘어져야 제대로 걷는 법을 배울 수 있기 때문이다. 아이가 걱정스러워 부모가 계속 붙잡아주면 아이는 걸음마를 배울 수 없다. 사춘기 아이들도 마찬가지다. 수많은 시행착오를 겪어야만 미래를 디자인하고 올바른 선택을 할 수 있다. 넘어질 때마다 부모가 나서서 대신 뛰어준다면 아이는 결코 홀로서기에 성공할 수 없다.

부모는 아이에게 방향만 제시하고 선택은 아이들의 몫으로 남겨두어야 한다. 정면에 서서 끌어당기지 말고, 옆으로 비켜서서 아이가 스스로 자신의 길을 향해 나아갈 수 있도록 해주어야 한다. 실패와 실수를 하더라도 그 과정에서 인생의 값진 경험을 얻을 수 있으므로 다시 일어나서 시작할 수 있도록 격려하고 지지해주자.

모든 부모는 자녀가 충분히 준비된 상태에서 세상으로 나아가길 바라지만 아이를 곁에 데리고 있는 시간은 고작해야 20여 년이다. 따라서 이 기간 부모는 최선을 다해 아이가 세상과 자신 있게 마주할 수 있도록 힘을 키워주어야 한다. 자녀가 중심이 된 진로설정이 그 해답이 될 수 있다.

사춘기의 공부갈등을 해결하는 대화법

성적이나 공부에 대해 사춘기 아이들과 얘기할 때는 우선 아이의 지친 마음을 위로해주는 것이 필요하다. 아이들은 학교에서 매일 학업과 전쟁을 치른다. 그런 아이에게 "그렇게 해서 대학은 가겠니?"라든가, "이렇게밖에 못하겠니?"라고 얘기한다면 대화는 이미 끝난 것이나 마찬가지다. 마음에 차지 않더라도 공부하는 모습부터 먼저 칭찬하고 인정해주는 것이 사춘기 아이와의 공부 갈등을 해결하는 대화의 시작이다.

■ '10년 뒤 내 모습은 어떨까?'를 상상하게 한다

아이는 아직 초등학생인데 부모 마음은 이미 수능시험장에 가 있는 경우가 많다. 하지만 '아이들의 미래는 학교가 끝나는 오후 세시'라는 말이 있을 정도로 사춘기 아이들의 시간조망 능력은 매우 부족하다. 따라서 공부하지 않고 학창시절을 보내게 될 경우 미래가 어떤 모습일지 생생하게 상상하는 연습을 시켜본다. 그리고 10년 뒤 모월 모일의 가상일기를 적어보게 하는 것도 도움이 된다. 5년 뒤, 10년 뒤, 20년 뒤의 모습을 상상해봄으로써 아이들은 공부해야 하는 이유에 대해 조금씩 깨닫는다.

② 아이가 스스로 동기부여하도록 기다린다

동기부여의 중요성에 대해서는 굳이 말할 필요가 없다. 하지만 그 방법에 대해서는 고개를 갸우뚱할 때가 많다. 동기를 부여한다고 부모의 논리를 강요하거나 원치 않는 경험을 하게 해선 안 된다. 아이 스스로 공부를 왜 해야 하고 어떤 의미가 있는지 깨닫게 되면 지금보다 즐거운 마음으로 책상에 앉을 수 있다. 지금 당장 책상 앞에 앉지 않더라도 공부를 해야 할 필요성과 이유를 알고 있는 아이들은 때가 되면 언젠가는 제자리를 찾아간다. 목마르지 않은 말에게 억지로 물을 먹이려 하지 말고 스스로 목이 말라 물을 찾을 때까지 기다려주는 여유가 필요하다.

③ 스펙이 아닌 스토리로 승부하라

명문대 입학이나 대기업 입사를 위해서는 엄청난 스펙이 요구된다. 그러다 보니 너도나도 스펙 쌓기에 여념이 없다. 하지만 외국어나 학력, 직장 스펙만으로 살아남을 수 있는 시대는 이미 지나가고 있다. 아이들의 이야기를 자연스럽게 스펙으로 연결시켜주면 차별화되는 독특한 스펙을 만들 수 있다. 나는 큰아이 졸업 선물로 초등학교와 중학교 9년 동안의 일기와 동시, 체험학습 보고서, 독후감 등을 모아서 한 권의 책으로 만들어주었다. 그 책 한 권에는 아이의 모든 스토리가 고스란히 담겨 있다. 스토리 스펙 속의 자료를 바탕으로 아이는 자신의 미래를 좀 더 선명하게 설계할 수 있을 것이다. 자녀에게 스펙 대신 스토리를 만들어주는 부모가 되자.

4 아이의 질문을 무시하지 마라

아이들은 때로 엉뚱한 질문으로 부모를 당황하게 한다. 이럴 때 무시하지 말고 성의껏 대답해주어야 한다. 질문을 주고받는 경험 자체가 호기심을 충족시켜주기 때문에 사고를 확장시킨다. 그렇다고 모든 질문에 부모가 완벽한 답을 해주어야 한다는 것은 아니다. 아이와 함께 인터넷이나 스마트폰으로 답을 찾으면서 생각을 공유하는 과정 자체가 중요하다. 부모의 이런 적극적인 반응은 아이로 하여금 자신이 존중받고 있다는 느낌을 받게 하고, 답을 찾아가는 과정에서 의미 있는 경험을 하게 된다.

5 당장의 시험점수에 연연하지 않는다

입시경쟁 구도인 우리나라에서 아이들의 학업 수행력은 대부분 시험을 통해 평가된다. 그렇다 보니 시험 때만 되면 아이도, 부모도 모두 긴장하게 된다. 성적이 좋으면 다행이지만 그렇지 않으면 집안 분위기가 우울해지기도 한다. 시험이라는 편협한 잣대로 자녀의 모든 면을 평가해서는 안 된다. 평가의 늪에 빠져 성적보다 더 중요한 것을 놓치는 일이 없도록 하자.

6 독서를 통해 소통하라

책 몇 권 읽는다고 성적이 금방 일취월장하는 것은 물론 아니다. 하지만 어릴 때부터 꾸준히 독서습관을 들인 아이들은 당장은 성적이 좋지 않더라도 공부가 어려워지는 고학년이 될수록 진가를 발휘한다. 독서를 통해 이해력과 비판적 사고력, 창의력 등이 길러졌기 때문이다. 다만 아이에게 책을 읽으라고 잔소리하기보다는 엄마도 함께 책을 읽으며 공유하는 것이 좋다. 한 달에 하루는 가족이 함께 도서관 가는 날로 정해보자.
맛있는 것도 먹고 책도 보면서 하루를 보내는 것도 좋은 방법이다.

▣ 학원 의존증을 버려라

조금 느리고 더디더라도 아이가 스스로 공부할 수 있는 힘을 키우는
것이 우선이다. 그러기 위해서는 공부 주도권을 학원이 아닌 아이에게 넘
겨주어야 한다. 스스로 선택해서 공부해야 '진짜' 공부를 할 수 있다. 부족
한 점을 파악해서 누군가의 도움이 필요하다고 판단되면 그때 가서 학원
을 선택해도 늦지 않다. 중요한 것은 학원을 가고 안 가고가 아니라 진짜
필요한 것이 무엇인지를 찾는 것이다. 공부하는 이유가 성적이 아닌, 지
적인 성장, 내면의 성장에 있다는 것을 깨닫게 되면 아이는 스스로 책상
앞에 앉는다. 학원 의존증에서 벗어나서 유연한 자세로 접근하는 지혜가
필요하다.

chapter 6

비범한 가정의
사소한 비결

매일 자녀를
떠나 보내는 연습

부모의 역할은 때가 되면 자녀가 독립해서 스스로 설 수 있도록 도와주는 것이다. 홀로서기는 어느 날 갑자기 되는 것이 아니라 어렸을 때부터 지속적으로 훈련해야 가능하다. 언젠가는 내 품에서 떠나보내야 하는 자식이므로 부모는 매일 자녀를 떠나보내는 연습을 해야 한다.

명문대를 졸업한 미연 씨는 몇 년 전에 엄마가 돌아가셨다. 당시 미연 씨의 나이는 50대 후반이었다. 그 나이쯤 되면 부모의 죽음은 어느 정도 자연스러운 현상으로 받아들이게 마련이었지만 미연 씨는 그러지 못했다. 옆에서 보기 안쓰러울 정도로 견디기 힘들어하다가 결국은 병원 신세까지 지게 되었다. 미혼이었던 미연 씨는 그때까지도 엄마를 떠나보낼 마음의 준비가 전혀 되어 있지 않았던 것이다.

미연 씨는 평소 업무처리가 미숙해서 누군가의 도움 없이는 일을 완수하지 못했다. 사회성이 부족해서 대부분 시간을 혼자 보냈으며 동료와의 잦은 마찰로 직장생활도 매우 힘든 상황이었다. 일이 잘못되면 언제나 남의 탓을 했고 자신은 항상 피해자임을 호소하며 억울해했다. 나이에 맞지 않게 매사에 의존적이었고 미성숙한 모습을 보일 때가 많았다.

미연 씨는 어릴 때부터 엄마가 하나부터 열까지 모든 걸 챙겨줬으며, 성인이 되어 자식이 부모를 보살펴야 할 나이가 됐을 때조차도 늙은 엄마의 보살핌을 받았다. 결국, 중년이 되었을 때까지 부모와의 정서적 독립에 실패했다. 미연 씨의 엄마는 본인의 불안으로 자식을 떠나보내지 못한 채 결국은 먼저 세상을 뜨고 말았다. 남겨진 자식이 혼자서 할 수 있는 일은 아무것도 없었다. 급격한 상실감은 불안이 되었고, 지독한 불안은 우울증으로 이어지게 되었다. 미연 씨에게 엄마가 없는 세상은 정글 속에 내던져진 것 같은 공포였다. 아무리 나이를 먹고 성인이 되어도 부모와 정서적으로 분리되지 못한 사람은 어린아이 상태에 머무르게 되고, 극심한 심리적 고통을 겪으며 살아가게 된다.

내 아이 떠나보내기 연습

부모와 분리 독립이 제대로 되지 않은 성인아이로 키우지 않기 위해서는 부모가 먼저 떠나보내기를 제대로 이해하고 실천해야 한다. 어떻게 하면 건강한 떠나보내기를 할 수 있을까?

첫째, 자녀는 부모의 소유가 아니라 잠시 우리에게 맡겨진 귀한 보물임을 인식한다. 부모 곁에 머무는 동안 소중한 보물이 아름다운 빛을 발하도록 해주는 것이 부모의 역할이다.

둘째, '자녀를 떠나보내는 것은 자녀와의 관계가 끊어지는 것'이라는 생각에서 벗어나야 한다. 자식이 결혼하면 마치 다신 못 볼 것처럼 서운해하고 우울해하는 부모들이 있다. 남녀 누구나 결혼해서 독립하게 되면 자신의 가정을 꾸려가야 하는 막중한 의무가 생긴다. 그러다 보면 원가족과는 결혼 전에 비해 멀어질 수밖에 없다. 떠나보냄을 관계단절로 생각하지 말고 자녀가 진정한 독립된 인격체로 성장해나가는 과정으로 받아들이는 인식의 전환이 필요하다.

셋째, '내가 없으면 안 된다'는 생각을 버려야 한다. 미연 씨의 사례에서 봤듯이 부모의 이런 생각은 멀쩡한 자녀를 바보로 만든다. 미숙하고 다소 믿음이 가지 않더라도 인내하고 지켜보는 자세가 필요하다.

넷째, '아이가 조금 더 크고 성숙해지면 떠나보내자'고 시기를 보류해선 안 된다. 조금만 더, 조금만 더 하다가 결국 눈감을 때까지도 자녀를 놓지 못하기도 한다. 자녀가 어리더라도 조금씩 매일 떠나보내는 연습을 해야 한다.

마지막으로 '내가 이렇게 희생했으니 이제는 자녀가 나를 행복하게 해줄 것이다'는 생각에서 벗어나야 한다. 이런 마음이 있다면 자녀를 자신의 이루지 못한 꿈의 희생양으로 만들 위험성이 높은 부모다. 부모의 이런 태도는 자녀에게 무거운 짐을 지운다. 부모가 원하는 대로 자라지 못했을 경우 아이는 자책감에, 부모는 공허감에 시달리게 된다. 자녀에게도 그들만의 인생이 있다. 자녀를 통해 행복을 느끼려고 하지 말고 부모 스스로 행복한 인생을 만들어가야 한다.

감정을 받아주면
변화는 일어난다

아이들은 감정을 통해 세상을 배운다. 낯선 감정들을 하나씩 만나면서 익숙해지고, 감정을 어떻게 처리하는지를 배워간다. 감정의 일차적인 학습장은 바로 가정이다. 부모가 감정을 잘 받아주고 처리해주면 아이는 감정이 낯설어 불안해하지 않는다. 대가족 체제였던 예전에는 가정에서 다양한 감정을 경험할 기회가 많았고 그런 감정을 인정받고 어떻게 처리해야 할지 배울 기회도 풍부했다. 누가 특별히 가르쳐주지 않아도 가족들 간에 일어나는 여러 가지 상황 속에서 배우기도 하고 스스로 부딪치면서 터득하기도 했다.

그런데 감정의 배움터가 되어야 할 가정이 제 역할을 하지 못하고 있다. 핵가족화가 되면서 아이들이 겪는 다양한 감정은 방치되기 일쑤이고, 가정 내에서 감정을 살피고 반응해줘야 할 역할이 부모 외에는 없는 실정이다. 심지어 맞벌이 가정이 늘면서 아이들과 함께할 수 있는 물리적 시간이 부족하다 보니 부모도 그 역할을 충실히 할 수 없게 되었다. 처리해야 할 감정은 쌓여가는데 어떻게 해야 할지 모르니 아이는 정서적으로 불안해질 수밖에 없다.

얌전하고 모범생인 선희가 어느 날 상담실에 찾아왔다. 다짜고짜 울기 시작하더니 아무리 달래도 좀처럼 울음을 멈추지 않았다. 한참 후에야 진정한 아이가 말했다.

"선생님, 요즘 제가 좀 이상해요. 감정조절이 안 돼서 한 번 울기 시작하면 울음이 멈추지 않아요. 도대체 왜 이런 걸까요?"

"언제부터 그랬니?"

"한두 달 전부터요."

"혹시 그때 스트레스받을 만한 일이 있었니?"

"한두 달 전은 아니고, 작년에 엄마 아빠가 사이가 좋지 않아서 크게 싸우신 적이 있어요."

"그랬구나. 많이 불안하고 힘들었겠네."

"그렇긴 했지만 내색은 안 했어요."

"힘들었는데 말도 못 했구나."

"엄마는 제가 힘들다거나 우울하다고 얘기하면 막 화를 내세요. 그래서 어느 순간 말해도 소용없겠다는 생각이 들었어요."

선희는 부모의 불화 때문에 분노와 불안, 우울 등 여러 가지 복잡한 감정을 느꼈지만 한 번도 표현할 기회를 갖지 못한 채 쌓아두기만 했다. 그리고 쌓인 감정이 한계에 이르자 드디어 폭발했고, 병원에서 우울증 진단을 받았다. 다행히 조기 개입으로 빠른 치료를 받은 선희는 안정적으로 학교생활을 이어갈 수 있었다.

사람의 내면에는 다양한 감정이 있는데, 크게 긍정적인 감정과 부정적인 감정으로 나눌 수 있다. 그런데 많은 부모가 아이들이 부정적인 감정을 표현하면 불편해하면서 화를 낸다. 하지만 부정적인 감정들도 다 나름의 존재 이유가 있다. 화내야 할 상황에서 화를 내지 못한다면 감정적으로 건강한 아이가 아니다.

아이가 부정적인 감정을 표현하면 억압하거나 무시하지 말고 긍정적인 감정을 표현할 때와 마찬가지로 공감하고 수용해주어야 한다. 그러면 아이는 부모가 내 마음을 이해했다고 믿게 되고, 부정적인 감정이 긍정적인 감정으로 바뀌는 경험을 하게 된다. 이런 경험을 통해 감정을 잘 표현하고 적절하게 조절하는 법을 배우게 된다.

우리는 다양한 감정을 느끼면서 살아간다. 즐겁고 슬프고 우울하고 행복한 감정을 느끼며 살아왔고, 앞으로도 다양한 감정을 느끼며 살아갈 것이다. 살아가면서 겪는 모든 일의 밑바탕에는 감정이 자리하고 있다. 부부 사이, 부모 자녀 사이, 친구 사이는 말할 것도 없거니와, 공적인 관계에서도 감정 교류는 있게 마련이다. 이렇게 중요한 감정에 문제가 생길 경우 어떻게 될까?

모든 감정은 존재 이유가 있다

엘리엇이라는 성공한 경영인이 뇌종양으로 종양 제거 수술을 받게 되었다. 이 수술로 복내측 전전두엽피질이라고 부르는 부분을 덜어내게 되었다. 이 부분은 감정을 느끼는 기능과 관련이 있는 부분으로, 감정과 사고를 종합해서 감정을 통제하고 판단과 결정을 하는 부분이다. 엘리엇의 주치의였던 신경학자 안토니오 다마시오(Antonio Damasio)는 감정을 통제하는 부분만 절제했기 때문에 엘리엇이 퇴원 후에도 전과 다름없이 경영인으로서 성공적인 삶을 살아갈 수 있으리라 생각했다. 오히려 이성적인 판단을 방해하는 감정이 없으니 더 합리적인 결정을 할 수 있으리라 기대했다.

하지만 퇴원 후 엘리엇의 삶은 모두의 예상과 반대로 흘러갔다. 그는 사소한 판단도 내리지 못했으며, 비이성적인 행동으로 주위 사람들을 힘들게 했다. 목표 설정도 제대로 하지 못했고 시간을 효율적으로 사용하지도 못했다. 심지어 식사 메뉴를 결정하는 일조차 힘들어했다. 결국, 엘리엇은 직장을 그만두고 사업을 시작했으나 사업파트너를 잘못 골라 파산했으며 아내와도 이혼하고 말았다.

왜 이런 일이 발생한 걸까? 답은 바로 '감정'에 있다. 우리가 경험을 하면 뇌의 변연계에서 경험에 대한 가치판단을 내리고 그 기억을 저장한다. 이때 감정은 판단에 깊숙이 관여해서 영향을 미친다. 사기꾼과 같은 사람을 만나면 감정은 싫고 불쾌한 느낌을 받는다. 위험에 대처하기 위해 뇌가 신호를 보내는 것이다. 그런데 엘리엇은 이 부분의 뇌가 제거되어 감정을 느끼지 못했고 판단에 이상이 생겼기 때문에 의사결정에도 문제가 생겼다.

이처럼 이성은 감정 없이는 불완전한 존재에 불과할 뿐이다. 감정은 이성을 교란시키는 요인이 아니라 적절한 판단과 결정을 할 수 있도록 돕는 네비게이션 역할을 한다. 엘리엇의 사례를 통해 감정은 재평가되었다.

자존감의 기본은 감정에서 나온다

부모는 아이를 위해 최선을 다하려고 하지만 정작 가장 중요한 아이의 감정을 무시하고 지나칠 때가 많다. 아이의 마음속은 보지 못하고 행동만 가지고 야단치게 되면, 아이들은 부모로부터 이해받지 못한다고 느끼게 된다. 감정을 거부당하거나 무시당한 경험이 반복되면 자존감이 떨어지고 자신과 타인을 신뢰하지 않게 된다. 따라서 지나치게 소심하거나 충동적인 언행을 해서 어른들에게 더 큰 꾸중을 듣게 된다. 스트레스에도 취약해서 사소한 자극에도 과격한 방법으로 감정을 표현하게 되고 우울하거나 불안한 상태가 된다.

같은 상황, 같은 스트레스에서도 건강하게 생활하는 아이들이 있는 반면, 그렇지 못한 아이들도 있다. 건강하게 잘 대처하는 아이들은 대부분 어렸을 때부터 감정을 충분히 공감받고 수용받은 경험이 많아서 스트레스 상황이 와도 감정을 잘 조절한다.

물론 아이의 감정을 받아주어야 한다는 말이 무조건 다 받아주기만

하라는 얘기는 아니다. 감정은 받아주고 충분히 공감해주되, 행동의 한계는 분명히 깨닫게 해주어야 한다. 존 가트맨 박사는 어릴 때부터 아이에게 감정코칭을 해주는 것은 아이의 마음속에 스스로 원하는 바를 분명히 알고 찾을 수 있도록 GPS를 심어주는 것과 같다고 표현했다. 감정에 충분히 공감해준 뒤에 행동의 한계를 설정하면 아이도 그 한계를 비교적 쉽게 받아들인다.

부모가 감정을 표현하는 방식도 아이에게 큰 영향을 미칠 수 있다. 아이들은 부모가 느끼는 감정을 그대로 느낀다. 엄마가 행복하면 아이도 행복하고, 엄마가 기분이 나쁘면 아이도 기분이 나쁘다. 부모가 자신의 감정을 아이에게 얼마나 잘 표현하느냐가 중요하다. 그런데 어떤 부모들은 아이들 앞에서 자신의 감정을 드러내기를 꺼린다. 부모란 완벽한 존재여야 한다고 생각하기 때문이다. 감정을 드러내는 것은 부끄러운 일이라 여기고 자신의 감정을 숨기거나 무시한다. 하지만 부모가 부정적인 감정도 잘 표현하면 아이도 부모의 마음을 이해한다.

급변하는 현대 사회에서 부모와 아이 모두 스트레스를 받으며 살다 보니 감정을 편하게 표현하고 공유할 기회가 많지 않다. 부모가 살면서 부딪히는 다양한 감정을 어떻게 처리해야 할지 몰라 방황하는 사이 아이들은 불행과 혼란의 늪에 빠져 허우적거리게 된다. 감정을 말로 표현하되 감정에 휘둘려서는 안 되고, 감정의 주인이 되어야 한다. 행복하고 건강한 삶의 토대가 되는 감정을 잘 챙기는 것은 매우 중요하다.

자녀의 실패를
견딜 줄 안다

부모가 되면 아이가 힘들거나 고통스러운 상황에 놓일 때가 제일 견디기 힘들다. 비록 부모 자신은 힘들고 괴로운 상황에 처할지언정 내 아이만은 상처받지 않고 자라기를 바라는 마음 때문이다. 그래서 아이가 상처받을까 봐 두려운 나머지 미리 나서서 자녀를 보호하는 부모도 많다. 공부를 못해서 선생님에게 미움받을까 봐 선행학습을 시키는가 하면, 아이들 사이에서 생기는 자잘한 다툼조차도 두고 보지 못하고 끼어든다. 그러다 보니 아이들은 조금만 힘들어도 포기하고 작은 실패에도 세상이 끝난 것처럼 절망한다.

부모가 나서서 문제를 막아주고 가려주면 아이는 제대로 된 성공경험을 할 수 없다. 탄탄한 자존감은 성공과 실패를 반복하면서 만들어진 값진 결과물이다. 그런데 요즘 아이들은 자존감을 만들어갈 기회조차 차단당하고 있다.

실패하면서 성장하는 아이들

덩치는 소만 한데 생각은 아직 어린애라면서 걱정하는 우현이 부모를 만났다. 우현이 부모님은 고1인 우현이가 아직 어린애 같다고 했다. 중학교 때부터 상담도 많이 받았지만 아이는 여전히 놀기만 좋아하고 할 일은 전혀 하지 않는다고 걱정스러워 했다.

"힘드시더라도 아이가 홀로서기를 할 수 있도록 잠시 내버려두세요. 제가 보기에 어머님이 하나부터 열까지 다 챙겨주시는 것 같은데 고등학생이 되었으면 이제 스스로 무언가를 할 수 있도록 해주셔야 합니다."

"지금도 어린애 같아서 뭐 하나 제대로 하는 게 없는데 그냥 내버려두면 더 엉망진창이 되는 건 아닐까요?"

아이가 스스로 깨닫지 못하면 변화는 일어나지 않는다. 다행히 우현이 엄마는 조언을 받아들였고, 방학 때 우현이 혼자 배낭여행을 갈 수 있도록 배려해주었다. 개학 후 우현이는 한층 성숙해진 모습으로 돌아왔다. 당장 큰 변화가 일어난 건 아니었다. 우현이는 여전히 친구들과 어울리고 공부도 열심히 하지 않았지만, 스스로 무언가를 할 수 있다는 자신감을 얻어왔고 여행을 통해 자신을 믿게 되었다면서 환하게 웃었다.

한창 감수성이 예민하고 두뇌 성장이 급격히 이뤄지는 사춘기 때 다양한 경험을 통해 세상 속으로 나아갈 수 있도록 도와주는 것이 부모가 해야 할 일이다. 좁은 울타리에서 벗어나 더 큰 세상을 경험한 아이는 자기 안의 여러 가지 가능성을 발견할 수 있고, 이러한 경험은 앞으로 겪게 될 여러 가지 실패와 좌절을 견딜 힘을 준다.

많은 걸 가르치려고 하기보다는 아이가 느끼게 해주어야 한다. 여러 가지 경험 속에서 느낀 바가 있으면 방법은 아이가 스스로 찾는다. 인간이 성장하고 성숙해간다는 것은 결국 스스로 결정하고 행동해야 할 일들이 많아진다는 의미이다.

아이의 실패를 지켜보는 시간이 괴롭고 실패가 뻔히 보일지라도 한 번 맡겨놓고 지켜보자. 성인이 되어 돌이킬 수 없는 실패를 하는 것보다 실수하고 아프더라도 청소년기에 경험을 통해서 배우고 성장하는 것이 좋다. 교육의 궁극적 목표는 지식을 주입하는 것이 아니라, 스스로 터득하는 과정을 통해 판단하고 책임지는 인간으로 성장시키는 것이다. 독립적인 주체가 되어야지 아이는 자신에게 주어진 몫을 다할 수 있다.

스스로 깨달아야 변화가 일어난다

아이들에게도 도전은 두렵고 힘든 과제이다. '잘못하면 사람들이 나를 비웃을 거야. 차라리 시작을 안 하는 게 낫겠어. 괜히 시작했다가 실패라도 하면 망신만 당할 거야'라고 생각한다. 그러나 무슨 일이든지 시작하지 않으면 마음속 두려움과 불안은 결코 사라지지 않는다. 내 능력 밖의 일인지 아닌지도 알 수 없다. 시도도 하지 않고 어떻게 한계를 알 수 있겠는가?

부모가 자신을 부정적으로 평가하고 있다고 느끼는 아이들은 자아상이 부정적이다. 이런 아이는 어떤 일도 시작하고 싶어 하지 않으며 실패를 두려워한다. 자신에 대한 신뢰가 없기 때문에 무언가를 시작하려고 하면 불안이 앞선다. "내 그럴 줄 알았어. 뭐 하나 제대로 하는 게 있어야지." "공부를 못 하면 운동이라도 잘하던가." 이런 말을 듣고 자란 아이는 '괜히 시작했다가 잘못돼서 무시당하느니 안 하는 게 낫겠어'라고 생각하게 된다.

"누구나 새로운 일을 시작할 때는 불안하단다. 어른인 엄마도 마찬가지야. 하지만 일단 시작해보면 불안도 사라지고 할 수 있다는 자신감도 생길 거야"라고 얘기해줄 때 아이들은 어려운 도전 앞에서도 망설이거나 겁내지 않는다. '나라고 못할 게 뭐 있어?', '일단 해보는 거야!'라고 긍정적으로 생각하고 도전을 멈추지 않는 어른으로 자라게 된다.

성공이냐 실패냐가 중요한 것이 아니라, 해보느냐 해보지 않느냐가 관건이다. 두려움에 망설였지만, 막상 해보니 처음에 생각했던 것만큼 힘들지 않고 일이 쉽게 풀리는 경험을 해봤을 것이다. 실패와 성공의 경험을 통해 아이가 정말 얻어야 할 것은 자신에 대한 믿음이고 확신이다. '내가 꽤 괜찮은 사람이구나'라는 확신을 가져야 한다. 그래야 살면서 겪게 되는 여러 가지 어려움에 봉착했을 때 결국에는 이겨낼 거라는 확신, 즉 자존감을 가지게 된다.

실패와 성공을 통해 자존감이 높아진 아이들은 새로운 자극에 개방적이며 힘들고 어려운 과제라도 끈기 있게 매달린다. 성공 경험은 더 크게 자신감과 자존감을 키워주고, 실패 경험은 인내와 강한 정신력이라는 값진 선물을 준다. 아이가 적절하게 성공과 실패를 반복하면서 어떤 어려움에 봉착하더라도 헤쳐나갈 힘을 갖도록 해주자.

해보느냐, 해보지 않느냐가 관건이다

자녀는 부모를 떠나는 그 순간부터 수많은 선택과 도전 앞에 서게 된다. 이별의 슬픔을 겪기도 하고, 공들여 준비한 프로젝트가 실패해 좌절할 수도 있다. 시험에 떨어질 수도 있고 인간관계 속에서 갈등을 겪기도 한다. 폭풍과도 같은 고통스러운 시간을 겪으면서 아이는 스스로 고통을 감수하는 법을 배우고 더 나아가 고통이 때로 힘이 된다는 사실을 깨닫게 된다. 이러한 힘은 어린 시절부터 성공과 실패를 반복하는 동안 차곡차곡 쌓인다. 힘겨운 현실과 부딪치면서 고통이 주는 의미를 재구성할 수 있다면, 고통이 고통으로 끝나지 않고 성장을 돕는 귀한 자양분이 될 것이다.

작가 조안 라이언(Joan Ryan)은 이렇게 말했다.

"웹스터 사전에서는 회복탄력성을 '역경이나 변화로부터 회복하거나 적응하는 능력'으로 정의한다. 어린 시절 세균과 박테리아에 어느 정도 노출되어야 육체적 회복탄력성이 생긴다면, 인성의 회복탄력성은 어린 시절 실패, 당황, 실망, 슬픔, 공포, 의혹에 노출됨으로써 생긴다."

아이가 아무런 좌절이나 고통도 겪지 않고 부모 곁을 떠나 독립하기를 바라서는 안 된다. 그런 아이들은 살면서 피치 못하게 만나게 될 역경이나 실패에 대처할 수 있는 힘이 턱없이 부족하다. 한 번도 실패하지 않은 사람은 없다. 당신의 자녀라고 피해갈 수는 없다. 중요한 것은 실패하지 않는 것이 아니라 실패에 어떻게 대처하느냐다. 그 과정에서 부모의 역할이 매우 중요하다.

자녀의 고통을 옆에서 지켜보는 것은 괴로운 일이지만, 말 없는 지지로 자녀와의 관계를 돈독히 할 기회가 되기도 한다. 부모의 조용한 지지는 아이에게 큰 힘이 된다. 아이 스스로 힘든 상황을 잘 해결할 수 있을 거라는 무언의 메시지를 전달하는 효과가 있다. 결국 이것이 자녀의 독립을 돕는 방법으로, 궁극적으로 부모와 자녀가 모두 원하는 결과를 얻을 수 있다.

아이들은 부모를 보면서 성장한다. 부모가 늘 새로운 것에 도전하고 새로움을 추구하는 모습을 보여준다면, 아이들 역시 낯선 길 앞에서 주저하지 않고 자신감과 열정을 가지고 도전하게 될 것이다.

단점이 아니라
장점에 주목하라

큰아이의 책상과 방은 발 디딜 틈이 없을 정도로 어질러져 있기 일쑤이고 늦게 자고 늦게 일어나는 등 수면습관도 좋지 않았다. 발등에 불이 떨어져야 움직이기 시작하는데다 동작마저 굼떠서 무슨 일이라도 시키려면 인고의 시간이 필요했다. 시시비비를 따지고 들면서 자기주장을 굽히지 않을 때면 손을 올리고 싶은 마음이 들 정도로 속을 뒤집어놓는 일이 허다했다. 그러다 보니 잦은 마찰이 있었고 나는 나대로, 아이는 아이대로 상처를 주고받으며 사춘기 몸살을 앓았다.

상담교사로 재직한 후 아이들과 만나기 시작하면서 아이들의 상처가 조금씩 눈에 들어오기 시작했다. 상담실에서 만났던 많은 아이는 아프고 상처받은 경험이 있는 아이들이었고, 그 상처의 대부분은 가정 때문이었다. 아이를 가장 잘 이해하고 사랑으로 감싸줘야 할 부모가 오히려 아이들 상처의 주 근원지임을 알게 된 후로 부모로서의 내 행동을 돌아보게 되었고 많은 생각을 하게 되었다.

'왜 늘 아이의 단점만 보고 장점은 발견하지 못했을까?' 큰아이는 성실성이 부족하고 정리정돈을 싫어했지만, 통찰력과 논리적 비판력은 매우 뛰어난 아이였다. 자신만의 언어로 독창적인 글을 쓰는 것을 좋아했으며 사물의 본질을 꿰뚫어볼 줄 아는 날카로움도 지니고 있었다. 그런데 나는 이 모든 장점에 대해서는 한 번도 언급한 적 없으면서 자잘한 단점은 눈에 띄는 즉시 그 자리에서 지적하곤 했다. 학교에서 상담하면서 아이의 입장에서 생각하다 보니 큰아이의 마음이 보이기 시작했다. 그동안 아이에게 한 짓(?)을 생각해보니 죄인이 따로 없었다.

이후로 나는 조금씩 변해갔다. 방을 어질러놓아도 아무 소리 하지 않았으며, 어쩌다 방을 청소하는 모습을 보면 큰 소리로 칭찬해주었다. 내 말에 일일이 대꾸하는 것에 대해 버럭 화부터 내는 대신 아이의 얘기를 끝까지 들어주었다. 벼락치기로 공부하는 것에 대해서는 엄청난 집중력이라며 한껏 치켜세워주기도 했다.

가랑비에 옷 젖듯 엄마의 변화는 서서히 아이를 변화시켰다. 잔소리하지 않아도 스스로 방을 정리하기 시작했으며, 자기 생각을 일방적으로 주장하는 대신 내 말에도 조금씩 귀를 기울이기 시작했다.

물론 이런 변화가 하루아침에 이루어진 것은 아니다. 하지만 옳다는 확신이 있었기에 기다림의 과정 동안 조급해하지 않았다. 아이의 장점을 인정하고 칭찬해주면 아이는 자신감을 얻고 자신을 소중하게 여기게 된다. 또 장점과 소질을 더욱 발전시키려는 노력도 하게 된다.

미국의 텔레비전에 방영된 실화를 하나 소개하려 한다. 30대의 발랄하고 매력적인 주부에 관한 얘기다. 이 여성은 두 살 때 감전사고로 양쪽 팔을 절단해야 했다. 그래서 팔 대신 발로 글을 쓰고, 컴퓨터 자판을 두드리고, 빨래를 개고, 심지어 발가락으로 피아노까지 치며, 결혼해서 아기를 낳아 발로 아기를 안아주고, 발가락 사이에 숟가락을 끼고 아기에게 밥을 떠먹여 준다. 그녀는 팔이 없다고 비관하는 대신 자기가 갖고 있는 튼튼한 다리로 에어로빅 강사까지 한다. 이 여성이 이토록 자신감 있는 삶을 살아가기까지 그녀의 부모는 그녀가 가진 총명함과 명랑한 성격을 끊임없이 칭찬했다고 한다. 만일 그렇지 않고 "팔도 없는 주제에 네가 뭘 할 수 있겠니"라는 메시지를 줬다면 이 여성의 삶은 지금과는 아주 많이 달라졌을 것이다.

이런 예는 비단 이 여성에게만 국한되는 것이 아니다. 엄청난 장애를 딛고 자기 분야에서 인간승리를 이룩한 헬렌 켈러, 스티븐 호킹 등도 사소한 단점 대신 장점을 보고 희망을 키워준 부모님이나 선생님이 있었기에 성공할 수 있었다.

내 아이의 장점을 찾아서 키워주는 부모

이제부터라도 자녀의 단점보다는 장점을 찾아보자. 한 가지만 찾는 게 아니라 스무 가지, 서른 가지를 찾아보자. 장점이 뭐가 그렇게 많으냐고? 관점을 바꿔서 보면 많은 게 달라 보인다. '나서기 좋아하는 것'은

'명랑하고 활달한 것'으로, '내성적인 것'은 '주의 깊고 생각이 깊은 것'으로, '친구를 너무 좋아하는 것'도 '사회성이 잘 발달되고 있구나'로 바꿔서 생각해보자. '엉뚱한 아이'는 '창의적인 아이'일 가능성이 높고 '말대꾸'를 하는 것도 '자신만의 주관이 뚜렷해서 그렇다'고 생각해보자.

학교에서 학부모 상담을 할 때면 자녀의 장점을 50가지 정도 적어서 칭찬하라고 주문한다. 그러면 학부모들은 기가 막히다는 표정으로 나를 쳐다본다. 평소에 아이를 존중해주고 배려해주는 부모 밑에서 자란 아이는 서너 가지 장점만 얘기해줘도 관계가 더 좋아진다. 하지만 상담실을 방문하는 아이들은 대개 평소 부모에게 잦은 비난과 지적을 받으면서 자라왔다. 소위 '문제아'들은 정서적으로 매우 고갈되어 있고 자존감도 형편없이 낮다. 이들의 고갈된 마음의 샘을 채워주기에는 서너 가지 칭찬은 부족해도 한참 부족하다. 그러므로 많을수록 좋다.

이제 아이의 장점을 찾았다면 적극적으로 칭찬해보자. 칭찬은 고래도 춤추게 한다고 하지 않던가. 장점을 칭찬해주는 것은 아이에게 긍정적인 자아개념을 심어주어서 자신이 가진 잠재력을 마음껏 발휘하게 한다. 단점을 고치려는 노력보다 장점을 키워주는 것이 힘은 덜 들고 효과는 훨씬 더 좋다. 경제학의 원리를 빌어온다면 비용대비 효과 면에서 훨씬 이익이라는 얘기다. 수학을 잘하는 아이는 못하는 영어보다 수학 공부에 더 많은 시간을 투자하는 것이 낫다.

그러면 칭찬은 무조건 약이 되는 걸까? 부모가 바라는 행동을 하거나 뭔가를 성취했을 경우에만 칭찬을 받으면 아이는 무언가에 대한 보상으로서만 사랑받을 자격이 있다고 느끼게 된다. 존재 그 자체만으로도 충분히 사랑받을 자격이 있음을 느끼게 해주어야 한다. 조건 없는 사랑과 칭찬만이 그 진정한 효과를 발휘한다. 약이 되는 칭찬과 독이 되는 칭찬을 구분해서 칭찬해주어야 한다.

단점만 있는 사람도 없고, 장점만 있는 사람도 없다. 누구나 장단점을 동시에 가지고 있다. 내 자녀의 단점 대신 장점을 찾아서 키워주는 부모가 아이를 성장시킬 수 있음을 잊지 말고 오늘부터 당장 장점을 찾아서 칭찬 연습을 해보자. 매일 한 가지씩 칭찬을 찾아서 하다 보면 칭찬도 습관이 된다. 잔소리도 습관이듯 칭찬도 습관이 될 수 있다. '습관' 적으로 아이의 긍정적인 면을 먼저 보도록 하자. 존중과 배려의 가족문화를 만들어가기 위해서는 부모의 노력과 실천이 선행되어야 한다.

해결사가 아닌
멘토형 부모가 되라

요즘은 교수 연구실로 자녀의 성적에 대해 항의하는 학부모들의 전화가 자주 걸려온다고 한다. 대학생이 된 자녀의 성적까지 부모가 나서서 해결해주려는 극성부모들이 많아진 탓이다. 대학에 들어간 큰아이가 며칠 전 근심스런 표정으로 조언을 구했다.

"엄마, 이번 시험에서 다른 과목은 성적이 잘 나왔는데 한 과목은 예상보다 성적이 안 좋게 나왔어. 그래서 교수님께 물어보고 싶은데 잘못하면 오히려 공부는 안 하고 성적에 대한 불만만 많은 학생으로 비칠까 걱정이야."

아이에게 자세한 상황을 물은 뒤 솔직하고 정중하게 네 마음을 표현하라고 일러주었다. 며칠 뒤 아이는 얼굴이 상기되어서 상황을 알려주었다.

"엄마, 교수님이 아주 자세하게 피드백을 주셨고 점수까지 올려주셨어."

"그래? 도대체 어떻게 말씀드렸기에 교수님이 그렇게 친절하게 답변해주신 걸까?

"응, 이번 시험은 제대로 준비를 못 했지만 다음 시험은 좀 더 철저히 준비해서 좋은 결과를 얻고 싶다고 했어. 나한테 어떤 점이 부족한지 알려주시면 부족한 부분을 보완해서 더 나은 결과가 나올 수 있도록 노력하겠다고 말씀드렸어. 성적에 대한 불만이나 성적을 올려달라는 말은 한마디도 안 했어."

아이는 나와의 대화를 통해 아주 현명하게 스스로 문제를 해결한 것이었다.

멘토형 부모 = 지혜로운 부모

그리스 신화의 오디세우스 왕은 트로이 전쟁에 나가면서 가장 절친한 친구인 멘토에게 아들의 교육을 부탁하고 떠났다. 오디세우스 왕이 전쟁에 나간 10년 동안 멘토는 왕자의 친구이자 스승으로 그가 훌륭한 리더가 되도록 지도했다. 오디세우스 왕이 전쟁에서 돌아왔을 때 아들은 훌륭한 리더로 성장해 있었다. 그 후 '멘토'는 상대방보다 경험이 많은 사람으로, 상대방의 잠재력을 파악하고 그가 꿈과 비전을 이룰 수 있도록 도와주는 스승이자 인생의 안내자 역할을 하는 사람이라는 의미로 사용되기 시작했다.

멘토형 부모는 자녀에게 절대적인 사랑을 주지만 통제가 필요할 때는 엄격함의 기준도 잃지 않는 지혜로운 부모를 말한다. 표정이 밝고 심리적으로 안정되어 있는 아이들의 부모는 대부분 이 유형에 속한다. 자녀의 인생에서 부모는 운동선수의 코치와 같은 역할을 해야 한다. 운동경기 시 코치는 선수의 곁을 끝까지 지키며 목표지점에 무사히 도착할 수 있도록 지지하고 격려한다.

좋은 코치는 선수 대신 경기를 뛰는 사람이 아니라, 선수가 마음껏 기량을 발휘할 수 있도록 도와주는 사람이다. 부모는 아이들이 장애물에 걸려 넘어지거나 경기를 포기하려고 할 때 끝까지 완주할 수 있도록 기다려주고 응원해주며 용기를 주는 사람이다.

그러기 위해서는 아이가 길을 벗어나면 돌아올 수 있도록 안내해주고, 힘들고 지칠 때면 긍정적인 에너지로 이끌어주어야 한다. 그리고 더 넓은 세상을 보여주고 삶의 비전을 제시해주어야 한다. 멘토형 부모는 자녀의 감정에 공감해준 후 행동의 한계선을 명확히 설정해주어 아이 스스로 문제를 해결할 수 있도록 도와준다. 일관적인 태도로 아이의 의견을 존중해주고, 다양한 질문으로 스스로 답을 찾게 해준다.

멘토형 부모 되기 연습

멘토형 부모가 되기 위해서 구체적으로 어떻게 하는 게 좋을까?

첫째, 아이의 자존감을 높여준다. '자존감'의 사전적 정의는 개인의 정체성을 형성하는 데 기초가 되는 개인적 가치와 능력에 대해 느끼는 감각이다. 가족 관계, 특히 부모는 자녀의 자존감 발달에 있어서 결정적 역할을 하는 것으로 알려져 있다. 부모는 자녀가 현실적으로 성취할 수 있는 목표를 설정하도록 도움으로써 자존감을 길러줄 수 있다. 또 아이를 지지해주고 자주 애정을 표현하는 것으로써 자존감을 키워줄 수 있다.

둘째, 자율성을 키워준다. 성과가 더디더라도 기다려주어야 한다. 실수와 실패라는 시행착오를 겪으면서 아이는 성장을 향해 나아간다. 시행착오를 겪은 뒤에 얻어낸 작은 성공은 자율성의 기초가 된다. 이 과정을 거치지 않으면 아이는 무력감과 한계를 느끼게 되어 의존적인 아이로 자라게 된다. 십대 아이들은 부모로부터 독립하려고 발버둥친다. 아이들의 홀로서기를 느긋한 마음으로 지켜보는 여유를 가져야 한다.

셋째, 관계 계좌를 관리한다. 고삐 풀린 망아지 같은 십대 아이들과 씨름하다 보면 어느 순간 관계 계좌에 잔고가 바닥 나는 경우가 종종 발생한다. 부모는 항상 아이에게 베풀 수 있는 아량과 배려심을 관계 잔고에 쌓아놓고 있어야 한다. 관계가 틀어지면 아이는 부모가 어떤 말을 해도 들으려 하지 않는다.

넷째, 칭찬과 격려는 필수다. 타인으로부터 긍정적인 기대를 받을 경우, 기대에 부응해 능률이 오르거나 좋은 결과가 나오는 '피그말리온 효과'를 경험할 수 있다. 우리 아이들은 이러한 자성적 예언을 통해 긍정적인 성과를 이루어낼 수 있다. 칭찬과 격려의 말로 긍정적인 자아상을 심어주면 시련 앞에서도 좌절하지 않고 다시 일어설 힘을 키우게 된다.

멘토형 부모는 자녀와 소통하고 공감하는 대화를 하기 때문에 아이와 좋은 관계를 유지할 수 있다. 하지만 멘토형 부모의 경우에도 허용과 통제 간에 적절한 균형을 유지하는 것이 중요하다. 부모는 아이의 친구가 아니기 때문이다. 허용형 부모가 되기도 하고, 때론 억압형 부모가 되기도 하면서 균형을 유지하는 것이 중요하다.

멘토형 부모 밑에서 성장한 아이들은 자율적이며 책임감이 강하다. 생각이 깊고 주체적이라서 성인이 되었을 때 사회의 리더로 성장할 잠재력을 가지게 된다. 부모가 관심과 격려로 인생을 이끌어주기 때문에 아이는 자신이 가진 역량을 마음껏 발휘할 수 있다.

부모의 양육방식은 자녀의 성장과 성격형성에 절대적인 영향을 미친다. 그러므로 부모는 늘 자신의 양육방식을 점검하고 공부를 게을리해서는 안 된다. 자녀가 역량과 잠재력을 최대한 발휘해서 주도적인 삶을 살 수 있도록 도와주는 멘토형 부모가 되도록 노력해야 한다.

같이 고민하는 부모

"엄마, 나 공부를 왜 해야 하는지 진짜 모르겠어."

"응, 공부하기 정말 힘들지? 공부를 왜 해야 하는지 이유도 모르고 무작정 하려니까 더 힘든 거구나."

일단 아이의 힘든 마음을 읽어주고 공감해주면 불안한 마음이 수그러든다. 엄마가 자신의 마음을 충분히 이해해준다고 느끼면 아이는 속마음을 편안하게 터놓는다.

"엄마도 너만 한 나이였을 때 공부가 참 힘들었어. 특히 엄마가 싫어했던 수학 과목은 왜 하는지 이유를 모르니까 더 하기 싫었지. 십대 시절 내내 이런 고민을 했지만 답을 찾지 못한 채 결국은 입시에 떠밀려 하고 싶은 일과는 점점 멀어졌어. 아마도 명확한 목표가 없어서 그랬던 것 같아. 목표가 확실했으면 가야 할 길이 보이고, 그 길을 따라가다 보면 공부해야 하는 이유도 찾을 수 있었을 텐데 말이야."

"목표? 내가 하고 싶은 것? 생각해보니 그렇네. 내가 아직 아무런 목표도 없이 무작정 공부했던 것 같아. 이제부턴 내가 하고 싶은 일이 무언지 고민을 좀 해봐야겠어. 그러면 왜 공부를 해야 하는지 알게 될 것 같아."

멘토형 부모는 아이의 힘든 점을 함께 고민하면서 스스로 해결책을 찾고 길을 발견할 수 있도록 도와준다. 아이는 '내가 고민을 얘기하면 엄마는 진지하게 받아들이는구나. 힘든 마음을 이해해주고 함께 해결책을 찾으려 하는구나'라고 받아들여 긍정적인 자세로 자신만의 방법을 찾으려고 노력하게 된다.

어렸을 때는 노력한 만큼 성공한다고 믿었다. 하지만 삶이 그리 녹록지 않음을 느끼는 나이가 되니 이 말을 내 아이에게 함부로 할 수 없다는 걸 알게 되었다. 험한 세상에서 아이들이 건강하게 자라려면 부모의 지혜가 필요하다. 그저 '열심히 해!'라는 말로 아이를 몰아붙이지 말자. 부모는 아낌없이 주는 나무가 되어 아이가 편하게 쉴 수 있는 쉼터가 되어야 한다.

사춘기 아이의 자존감을 키우는 비폭력 대화법

'자아존중감'이란 자신이 사랑받을 만한 가치가 있는 소중한 존재이고, 어떤 성과를 이루어낼 만한 유능한 사람이라고 믿는 마음이다. 아이의 자아존중감은 자신과 밀접한 관계에 있는 사람들, 특히 아이를 대하는 부모의 태도에 크게 영향을 받는다. 자아존중감이 낮은 사람은 매사에 부정적이고 자신에 대한 평가 역시 부정적이다. 아동기에 형성된 자아존중감은 쉽게 변하지 않기 때문에 부모의 역할이 매우 중요하다. 부모가 생각 없이 내뱉은 한마디에도 아이들의 자아존중감은 회복 불가능한 상처를 입게 된다는 사실을 기억하자.

1 아이의 개성을 인정하고 존중한다

인간은 누구나 사랑받고 싶은 기본적인 욕구가 있다. 그런데 부모의 비교로 이 욕구가 좌절될 경우 아이들은 열등감에 휩싸이게 되어 나쁜 방향으로 자신을 몰고 간다. 매사에 자신감이 없고 내면은 열등감으로 가득차게 된다. 부모는 아이의 개성을 존중해주고 인정해주어야 한다. "형은 수학을 잘하지만, 넌 미술에 재능이 있어." 부모의 한마디에 아이는 자신을 소중하고 가치 있는 존재로 받아들이게 된다.

② 실수를 허용한다

발달과정 중에 있는 아이들은 당연히 실수할 수밖에 없다. 그런데 그때 마다 꾸짖고 심지어 예전일까지 들먹이며 아이의 인성 자체를 문제 삼는 부모가 있다. 하는 일마다 야단을 맞게 되면 아이는 위축되어 작은 일에 도 선뜻 나설 용기를 내지 못한다. "그릇을 깨트렸구나. 다치지 않았어? 다음에는 좀 더 조심해야겠다"고 짧게 얘기하자. 긴 잔소리와 훈계보다 훨씬 더 효과적이다.

③ 꿈은 아이의 몫으로 남겨둔다

아이들의 가능성은 무궁무진하고 꿈은 다양하다. 설령 아이가 꾸는 꿈 이 부모 입장에서는 보잘것없어 보일지라도 인정해주어야 한다. 부모의 잣대로 무시하고 핀잔을 주면 아이는 꿈을 잃고 방황하게 된다. 자신이 원하는 것, 되고 싶은 것을 자신 있게 말할 수 있을 때 꿈을 향한 방향설 정이 가능하다. "소방관이 되고 싶다고? 소방관이 하는 일은 정말 중요한 일이지." 아이가 말한 직업에 대해 얘기를 나누다보면 아이의 진로성숙도 는 한층 높아질 것이다.

④ 스스로 할 수 있도록 도와준다

아이들이 가장 듣기 싫어하는 말이 바로 부모의 잔소리다. 부모 입장에 서는 아이의 서투른 행동 하나하나가 마음에 걸리다 보니 잔소리를 하게 된다. 하지만 잔소리가 반복되면 효과는 떨어지게 마련이고, 참지 못한 부모가 아이 몫의 일을 대신 해주게 되는 악순환이 시작된다. "방이 이렇게 깨끗하니까 정말 기분이 좋구나." 단 한 번의 칭찬이 열 마디의 잔소리보다 효과적이다. 스스로 할 기회가 주어졌을 때 아이는 성취감을 느끼게 되어 더 열심히 하려는 마음이 생긴다.

5 감정에 먼저 공감해준다

아이들은 합리적이고 논리적으로 사태를 해결하려 하기보다는 몸으로 해결하려고 하기 때문에 싸움이 잦다. 아이들의 싸움을 말리기 위해 부모는 흔히 누가 먼저 시작했느냐고 물으면서 시시비비를 가리려 한다. 그러나 이때 가장 효과적인 방법은 화난 아이의 감정을 읽어주는 것이다. "형이 네 물건을 마음대로 만져서 화가 났구나." "동생이 형을 무시하는 말을 해서 속상했겠구나." 엄마의 한마디 말에 아이는 억울한 감정을 털어놓게 되고, 그 과정에서 신기하게 감정의 파도는 가라앉게 된다. 해결책은 그 이후에 찾아도 늦지 않다.

6 스스로 판단하고 결정할 수 있게 한다

아이가 미덥지 못한 부모는 사소한 일도 믿지 못하고 대신해준다. 이런 일이 반복되면 아이는 모든 판단과 결정을 부모에게 미룬다. 그 결과 성인이 되어서도 결정과 판단을 하지 못하고 부모에게 의지하려는 미숙한 상태에 머무르게 된다. 몸만 어른이지 마음은 어린아이 상태에서 벗어나지 못한 것이다. "다 널 위해서야. 그러니까 시키는 대로 따라만 해" 이런 말 대신에 반드시 아이의 의사를 물어보고 존중해주어야 한다.

⑦ 언행일치의 모범을 보여준다

부모는 아이에게 배려심을 가르치고 남을 도울 줄 아는 따뜻한 사람이 되라고 얘기한다. 어느 날 아이가 하굣길에 찬 길바닥에서 구걸하는 거지를 보고 용돈을 몽땅 주고 왔다. 내심 칭찬을 기대하고 얘기한 아이에게 부모는 대뜸 "용돈을 다 줬다고? 네가 정신이 있는 애니, 없는 애니?"라고 야단을 친다. 부모의 말에 아이는 혼란스럽다. 평소 부모의 가르침대로 행동했을 뿐인데 야단을 맞게 되니 자신이 뭘 잘못했는지 당황스러울 수밖에 없다. 이런 일이 여러 번 생기면 아이는 자신의 행동과 판단을 믿지 못하게 되어 자신감을 잃게 된다. 부모가 언행일치의 모범을 보여주어야 한다.

⑧ 공감대를 형성한다

아이가 사춘기에 접어들면 부쩍 외모에 관심을 가진다. 거울 앞에 있는 시간이 길어지고 하루에도 몇 번씩 머리와 옷매무새를 다듬는다. 예전에는 학생이라면 감히 꿈도 꾸지 못했던 화장품도 수십 개를 챙겨서 다닌다. '요즘 아이들'이라는 말로 꼬리표를 달고 혀를 차기보다는 아이들의 성장과 사춘기의 변화에 관해 이야기하는 시간을 가져보자. "요즘 우리 딸이 외모에 관심이 많아졌네. 엄마도 네 나이 때는 거울 앞에서 살았어." 엄마가 나와 똑같은 고민을 했다는 것만으로도 아이들은 안심하고 마음의 문을 연다.

⑨ 감정이나 판단을 싣지 않는다

요즘 아이들은 스마트폰을 24시간 옆에 두고 산다. 그러다 보니 스마트폰 사용과 관련한 부모와의 갈등도 깊어졌다. "도대체 언제까지 스마트폰만 끼고 있을 거야?", "당장 그만두고 공부해!" 감정을 잔뜩 실은 말투로는 아이들의 행동을 변화시킬 수 없다. "스마트폰 그만하고 이제 네 할 일 해야 할 시간이네." 꾸중이나 비난 없이 아이에게 해야 할 일이 있다는 사실을 상기시켜주어야 한다. 그러면 아이도 별 불만 없이 움직인다. 물론 말 한 번에 순순히 움직이지 않을 때도 있겠지만, 그럴 때도 처음 얘기했을 때와 똑같은 말투와 억양으로 반복한다. 아무리 옳은 소리를 해도 비난과 질책의 감정이 실려 있으면 아이들은 제대로 듣지 않는다.

어설프게 잔소리하지 마라.
선불리 판단하지 마라.
사춘기 아이의 모든 행동에는 이유가 있다.

준비되지 않은 사춘기를 맞이하는 부모와 자녀를 위한 성장 수업

초등4학년, 아이의 사춘기에 대비하라

초판 1쇄 발행 2017년 3월 15일
초판 9쇄 발행 2024년 1월 15일

지은이 최영인
펴낸이 민혜영
펴낸곳 (주)카시오페아 출판사
주소 서울시 마포구 월드컵북로 402, 906호(상암동 KGIT센터)
전화 02-303-5580 | **팩스** 02-2179-8768
홈페이지 www.cassiopeiabook.com | **전자우편** editor@cassiopeiabook.com
출판등록 2012년 12월 27일 제2014-000277호